这就是科学 ↘

韦亚一博士，国家特聘专家，中国科学院微电子研究所研究员，中国科学院大学微电子学院教授，博士生导师。1998年毕业于德国 Stuttgart 大学/马普固体研究所，师从诺贝尔物理奖获得者 Klaus von Klitzing，获博士学位。

韦亚一博士长期从事半导体光刻设备、材料、软件和制程研发，取得了多项核心技术，发表了超过90篇的专业文献和3本专著。韦亚一研究员在中科院微电子所创立了计算光刻研发中心，从事20nm以下技术节点的计算光刻技术研究，其研究成果被广泛应用于国内 FinFET 和 3D NAND 的量产工艺中。

《这就是科学》：

科学的发展和知识的积累是现代社会进步的标志；严谨科学的思维也是衡量一个人成熟与否的重要指标。通过阅读本书中一个一个鲜活生动的故事，孩子们不仅可以学习到科学知识，而且可以培育科学的思维和逻辑推理。

韦亚一
2020.12.14

《这就是科学》：

科学的发展和知识的积累是现代社会进步的标志；严谨科学的思维也是衡量一个人成熟与否的重要指标。通过阅读本书中一个一个鲜活生动的故事，孩子们不仅可以学习到科学知识，而且可以培育科学的思维和逻辑推理。

韦亚一
2020.12.14

# 这就是科学

## 化学元素会变身

高 美◎编著

吉林文史出版社
JILIN WENSHI CHUBANSHE

**图书在版编目（CIP）数据**

化学元素会变身 / 高美编著 . -- 长春：吉林文史
出版社，2021.1

（这就是科学 / 刘光远主编）

ISBN 978-7-5472-7440-8

Ⅰ.①化… Ⅱ.①高… Ⅲ.①化学元素—儿童读物
Ⅳ.① O611-49

中国版本图书馆 CIP 数据核字 (2020) 第 228184 号

化学元素会变身

**HUAXUE YUANSU HUI BIANSHEN**

编　　著：高　美
责任编辑：吕　莹
封面设计：天下书装
出版发行：吉林文史出版社有限责任公司
电　　话：0431-81629369
地　　址：长春市福祉大路出版集团 A 座
邮　　编：130117
网　　址：www.jlws.com.cn
印　　刷：三河市祥达印刷包装有限公司
开　　本：165mm×230mm　1/16
印　　张：8
字　　数：80 千字
版　　次：2021 年 1 月第 1 版　2021 年 1 月第 1 次印刷
书　　号：ISBN 978-7-5472-7440-8
定　　价：29.80 元

# 前 言 💡 Contents

作为科学学科的两大领域，同时也是我国初高中学生的必修课，物理和化学向来被看作是广大学生难以攻克的两大学科。复杂多变的物理环境、物理现象，深奥难解的化学组合、化学反应……曾经是令无数学子望而却步的高峰。如何轻松有效地学习好物理、化学，想必是很多学子乃至家长绞尽脑汁想要解决的难题。

其实，学好物理、化学这两门学科，并没有想象中那么难，也没有那么复杂。

如果我们用一颗轻松的心来看待这两门学科，同时试着将两者与我们的生活联系在一起，那么，你就会发现：原来生活中竟隐藏着如此之多的物理知识和化学常识！你也会发现：原来曾经以为高不可攀的科学高峰，竟然也有攀缘而上的道路！

是啊，这就是物理，这就是化学，这就是我们生活中隐藏着的科学，它并不难懂，也并不复杂，相反，它是严谨而有趣的生活点滴。

试想，我们每天都能看到的光、听到的声、感受到的热……它们都是从哪里来的呢？是什么原因导致了它们的产生？又是什么原因能让我们感受得到它们？

而它们又有哪些奇妙知识呢？

　　试想，我们吃的食物、穿的衣服、用的东西……它们是由哪些成分构成的呢？这些成分对人体又有哪些作用？我们对这些成分还能如何利用？

　　试想，包括我们人类在内，存在于这个世界上的物质，到底是什么呢？而所谓的密度、质量和重量，又是什么呢？我们生活着的这个世界的种种现象和反应，又该如何解释和理解呢？

　　想要知道这些，那就改变你的观念，不再用畏惧甚至抗拒的心态去看待科学的物理和化学，相反，我们应该用一颗好奇且有趣的心去学习物理和化学，这样，你就会感受到光的明亮和炙热，感受到声音的清脆和悦耳，感受到四季更迭中的物质变化，感受到能量交替中的守恒定律，感受到分子原子内部蕴含的强大能量……到那时，你会发现：原来，科学还能这样学！

　　科学之所以是科学，贵在它是人类经过数千数万年的探索、研究和总结而得出的宝贵经验，它来源于生活，更高于我们的生活。所以，如果我们用生活化的眼光去看待它，就会获得更加生活化、更加趣味化的知识。

　　这样有趣的学习方式，正是每个孩子需要的，比起枯燥的知识灌输，让知识变得灵活起来，才是学习的有效途径。

　　所以，快来趣味的科学世界遨游一番吧！

本书编委会

# 目 录  Contents

**001** 大力气球

**009** 绚丽的霓虹灯

**017** 会爆炸的电动车

**025** 一封情书永流传

**033** 放屁王

**041** 攀登雪山的准备

**049** "臭臭"的气体

**057** 举重的"小胖子"

065　方块吐泡泡

073　"咸"饭

081　"危险的硫"

089　王者"丐"中"钙"

097　铁　锅

105　秦始皇陵地宫的水银世界

113　不能随便用的铝锅

## 大力气球

氢气是一种极易燃烧、无色、无味、透明的气体。
氢气难溶于水，是世界上已知的密度最小的气体。

易燃

无味

氢气

密度小

无色

为什么热气球能飞那么高而不掉落？
在生活中，氢气有哪些用途？ >>>

这个月少年宫的演出特别多，方块、梅花、红桃总是结伴而行，准时参加少年宫乐团的排练。

这天他们像往常一样去少年宫，刚下了公交车，忽然听见前方不远处传来热闹的广播声。方块边向前张望边问："什么事这么热闹？"

"反正时间还早，我们去看看吧。"红桃提议。

"好！"大家一致赞同。

他们循着声音向前跑去，原来前边有一家商场在举行开业典礼。店门口挤满了前来观看的人，主持人在门口的舞台上介绍着今天开业的活动。

"喂，你们快看！好大的气球啊！"梅花兴奋地说。

大家抬眼望去，发现商场门口上空飘浮着几个很大的气球，气球下面垂下几条长长的条幅，上面写着商场的名字和类似"开业大吉"的标语。

方块觉得很奇怪："这几个气球怎么能吊起来那么重的条幅呢？过年时我也买了好多气球，可是挂在屋里根本飘不起来，连屋顶都上不去。"

"你家的气球没充满气吧？"红桃说。

方块说："什么样的气球才能飞起来呢？"红桃吐吐舌头，一时说不出来。

"这种商场门口的气球还不算厉害，还有更厉害的呢！"梅花说。她看过很多书，还曾经跟歪博士一起去热气球基地参观。她拿出书包里

的纪念书签，指着上面的图画说："你们看，庆祝新中国成立 50 周年时，天安门广场上空飘荡着的气球，直径有 6 米多，下面吊起了很长很长的条幅。1973 年，中国向空中放出的第一只电视转播气球，直径就达到了 5.7 米，能把一千多公斤的播放设备吊起来，是不是很厉害？"

方块好奇地问："梅花，那这气球里装的是什么啊？怎么可以吊起这么重的东西呢？"

几个人围着梅花让她讲讲气球的秘密。梅花望着天空中飘荡的气球说："这些气球呢，里面装的是氢气或者氦气。当年国庆庆典的气球里，充的是氢气，用了 28 瓶液态氢才把它完全充满呢！"

"那你刚才说的电视转播气球里装的也是氢气吗？"红桃问。

"哦，你说的是中国放出的第一只电视转播气球吧？据说那里面充了 7000 立方米的氦气，所以它才有这么大的力量。"梅花的回答还是让方块心里有一些疑惑。

"那为什么充满了氢气或者氦气的气球会飞得这么高？"方块觉得这其中一定还有奥秘。

梅花说："氢气和氦气都比空气轻，在标准状况下，氢气的质量是同体积的空气的 1/14.5，所以充满了氢气的气球在空气中可以飞得很高很

高。空气对氢气球具有了向上的浮力，而地心引力所引发的气球重力却是向下的，一个向上托，一个向下拉，最终浮力远远大于重力，所以充满氢气的气球可以轻松地飘向高空。"

"怪不得我的气球飞不高，因为我的气球里面是空气，它与外界空气的密度一样大，所以不会飘向高处，如果不借助外力，连地面都离不开。"在方块眼里，氢气球简直太神奇了。

20世纪，西方军队中就已经有了气球部队。日俄战争爆发后，清政府军队也开始组建最新式部队——气球侦察队。1905年，湖广总督张之洞从日本购买了两个"山田"式的军用侦察气球。这种气球直径3米，高10米，下面系着藤篮，用于载士兵进行高空侦察。

"你们知道吗？氢气的作用不止这些。氢气遇到氧气会发生燃烧，火焰的温度可以高达3000℃，所以，人们就利用氢气的这个特点来焊接或者切割金属，而且还用氢氧火焰来熔化石英，制成各种石英制

品。"梅花说。

"听说有的火箭或者导弹的高能燃料也是使用氢气做的。"红桃说。

梅花激动地说："对！氢气可厉害了。氢气燃烧时，释放的热量特别高。这种热量是汽油的三倍，最后生成水。所以有的科学家说，如果利用太阳将水分解成氢气和氧气，氢气再燃烧产生大量的热，燃烧后生成的水也可以用作原料。这样循环利用，以后汽车就不用汽油做燃料了，只需要带一些水就可以了。"

**智慧问答**

生活中使用氢气，应怎么进行安全防护呢？

人们进行接触液氢的工作时，护目镜是必不可少的，同时还需要穿戴防护鞋袜和干净结实的手套，以及抗静电工作服等防护用品。氢气体需要用高压钢瓶贮存，而液氢需要在绝缘的容器或槽车中贮运。此外，还需要特别注意，氢气的存放要避免阳光直射，温度应在40℃以下。

方块拍起手来："那以后我们带一些水就可以野炊了。"

"不过现在还没有实现，希望未来可以实现这个伟大的设想。我们国家现在不是已经实现卫星上天和各种登月工程了吗？我觉得早晚有一天可以实现。"梅花很有信心地说道。

方块说："到时候你负责开车，我们带着歪博士去最美的罗山森林公园野餐吧！"

"嘿，方块，你又想偷懒。还是你来开车吧，我们在车后面好好欣赏风景。"梅花的话逗得大家哈哈大笑。

这时红桃看了下手表，排练时间快到了。大家快步向少年宫走去……

# 制取氢气

小朋友们都很喜欢玩气球，而五颜六色的氢气球既好玩又好看，备受大家青睐。今天我们就一起通过小实验，自制氢气。

**安全提示：** 本实验进行过程中要远离明火，使用普通的5号电池，注意通风。

**实验目的：** 通过实验自制氢气。

**实验准备：** 1个水杯、少量食盐、1节5号电池、锡箔纸、1把剪刀、搅拌棒。

**实验过程：**

1.先在杯中倒入100ml清水，加入约30g食盐并充分搅拌，形成一杯饱和食盐水。

2.将对半剪开后的锡纸反复折叠，做成两个细细的锡箔纸条。

盐

3.将锡箔纸条分别接在5号电池的正负极处，缓缓地放入盛有食盐水的杯中，仔细观察两根锡箔纸周围发生的现象。我们会惊奇地发现，两根锡箔纸条周围开始慢慢地产生气泡，并且阴极锡箔纸附近的气泡远远多于阳极附近的气泡。

**实验原理：** 锡箔纸具有导电性。将锡箔纸接到电池正负极

后，两根锡箔纸就被通电了，一根锡箔纸成了阳极，另一根锡箔纸成了阴极。食盐的成分主要是氯化钠，水中的氯化钠在通电后与水发生电离，分别在阴极与阳极锡箔纸附近生成氢气与氯气。由于氢气不溶于水，所以就以气泡的形式跑到水面上来，而氯气可以溶于水，所以产生的气泡较少。

**方块爱生活**

在治疗各类疾病的过程中，氢气可以有效缓解氧化损伤及炎症反应、细胞凋亡、血管异常增生等症状。

**红桃讲故事**

## 中国第一个氢气球

华蘅芳是清代著名数学家，他从小就酷爱数学，经过自己的刻苦钻研，自学成才。1862年，华蘅芳在安庆军械所跟徐寿父子合作制成了中国第一台蒸汽机。后来，华蘅芳一直在江南制造局工作。

华蘅芳不仅热爱科学，而且十分热爱自己的祖国。对于当时那些轻视中国技术的人，华蘅芳很气愤。他的浩然正气感染了身边一批知识分子。当时中国制造火药，需要大量的硝酸。这些硝酸必须依赖进口，欧美一些国家趁机哄抬物价，大肆勒索。华蘅芳决定自己研制，来为国家扬眉。经过反复的实验和艰苦的研究，他终于实现了这一目标。自制硝酸所需费用仅仅是进口硝酸的三分之一。

华蘅芳后来还接到了清政府放气球的任务，他组织人员马不停蹄地进行研究、仿制，最终制成了一个直径约 1.7 米的气球，还从硝酸中提取了大量的氢气充到气球里。当中国人自己研制的氢气球高高飘在上空时，人们纷纷赞叹。

1. 在使用氢气的过程中要注意安全，因为它质量轻、扩散速度快，而且容易和氧气发生燃烧反应。

2. 氢气的燃烧产物对环境没有任何污染。

3. 世界各国对氢气这种新能源的研究都很重视。

# 绚丽的霓虹灯

稀有气体化合物指的是含有稀有气体元素的化合物。
稀有气体共包括氦、氖、氩、氪、氙、氡等 6 种元素。

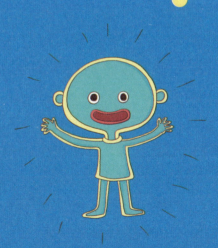

为什么霓虹灯会发出各种色彩？
稀有气体都会发出什么颜色？ >>>

在歪博士实验室旁边的小区广场中央，最近修建了一座美丽的音乐喷泉。喷泉的中间有一座不锈钢的雕塑，像一朵绽放的郁金香。

趁着夜幕降临，方块和红桃、梅花跟歪博士来到广场散步。广场上有嬉戏的孩童，还有健走队、模特儿队、轮滑队在训练，热闹极了。

随着喷泉旁边音乐响起，喷泉中涌出的水柱直冲云霄。音乐的变化带动了喷泉形状和颜色的变化，水柱有时是波浪形，有时是花朵形；颜色有时是深绿色，有时是玫红色、橙色。

"博士，这些灯光可真漂亮啊，水柱随着音乐来回起伏，太好看了！"梅花感慨道。

红桃指着喷泉说："博士，您看这音乐喷泉的灯光多好看啊，比我卧室里的灯光漂亮多了。这灯光就像被颜料涂过一样，绚丽多彩。"

歪博士带着他们慢慢走到了广场另一侧的路灯下，边走边说："你们看那边，本来白天平淡无奇的写字楼，晚上一旦亮起来霓虹灯，就变得光彩夺目。这就是灯管的秘密。"

"是啊，白天看着那些写字楼的灯长得跟普通的灯没什么两样，怎么晚上一通电就发出红红绿绿、鲜艳夺目的光呢？"方块边比画边说。

红桃也问："博士，那些灯管里的秘密到底是什么呀？"

博士笑呵呵地说道："这秘密就是稀有气体。"

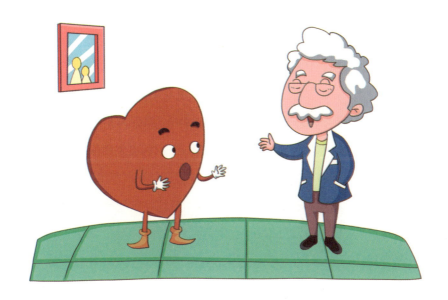

　　梅花说："您说的稀有气体，是不是氦气、氖气、氩气等那些气体？"

　　"你说得没错，这些气体又叫作惰性气体，体积跟空气比，还不到空气的百分之一。它们太懒了，特别不活泼，很难发生化学反应。"歪博士停下来，拉着方块望向左边的路牌灯箱接着说，"如果把氦气装到霓虹灯里，一通电，霓虹灯里的氦气受到电场的作用，就会放射出淡红色或者黄色的光芒。"

　　方块平时最喜欢红色，就连上周新买的运动服也是红色的，一听说稀有气体是让灯光变色的原因，他立刻问道："博士，哪种气体让霓虹灯变出红色的呢？那一定是一种很帅气的稀有气体。"

　　博士指着他的小脑瓜说："你呀，我就知道你要问红色。想要让霓虹灯变出红色，就需要用到氖气了。如果想得到淡青色，就需要加入氩气。人们根据这些特性，把稀有气体分别装在相应的霓虹灯里，这样我们才会在夜晚看到一个色彩斑斓的灯光世界。"

知识拓展

已知氩唯一的化合物叫作氟氩化氢，它的发现要归功于马库·拉萨能领导的芬兰化学家团队。

这支团队把氩气和氟化氢在碘化铯表面冷冻至 -265℃，使氩气发生凝华，然后再用大量的紫外线照射氩和氟化氢的混合物，让它们发生反应。通过红外光谱分析，团队的科学家们发现氩原子已经和氟原子、氢原子产生化学键，不过这种化学键特别脆弱，一旦温度高于 -256℃，它就会再分解为氩和氟化氢。

梅花问："您小时候身边就有霓虹灯了吗，博士？"

歪博士摇摇头："霓虹灯是在 1926 年传入我们国家的。后来，我们国家有了第一家霓虹灯制造厂，我记得好像叫作上海远东化学制造厂。1927 年，这个制造厂还为上海中央大旅社制作安装了霓虹灯招牌。"

"看来从那时起，漂亮的商店招牌才出现在人们的生活里。想不到

现在我们每天都可以见到的霓虹灯还有这么一段历史。"方块很庆幸自己生活在新时代，能够见识到这么多新科技。

智慧
问答

霓虹灯还有什么特别之处呢？

霓虹灯是用玻璃管做成的。玻璃经过烧制可以弯曲成任意形状，像是会跳舞的仙子，特别灵活。在不同类型的玻璃管内充入不同的惰性气体，我们就可以看到五彩缤纷的光。

霓虹灯的画面由常亮的灯管及动态发光的扫描管组成。这种扫描管可设置为多种模式，比如跳动式扫描、混色变色等七种颜色扫描模式。按编好的程序，扫描管会显示出一幅幅流动的画面，好像天上的彩虹一样梦幻。现在制造的霓虹灯更加精致，有的在灯管内壁涂上荧光粉，使颜色更加明亮多彩；有的霓虹灯装上自动点火器，各种颜色的光次第明灭，交相辉映，使城市之夜变得绚丽多彩。

"梅花，你在想什么呢？这么出神。"红桃推推梅花的胳膊问。

梅花一下子回过神来，笑眯眯地说："我在想下周的班会演出，能不能也去网上买一个小型霓虹灯，让场地更炫酷。"

"我同意我同意，我一百个同意！我要站在教室中间演奏我的吉他！"方块一副觉得自己就要成为明星的样子。

歪博士哈哈大笑起来："你只要不在纯红色灯光里弹琴就行，太刺眼了。"

大家边走边说，相信下周的班会演出一定会特别精彩……

**我爱做实验**

# 多彩的霓虹灯

小朋友们都见过霓虹灯，霓虹灯有各种颜色，原因就是里面充满了不同的惰性气体。

**安全提示：**本实验进行过程中要用到电，要注意用电安全。

**实验目的：**观察不同颜色的惰性气体在通电时发出的颜色。

**实验准备：**充满氦气、氖气、氩气的霓虹灯。

**实验过程：**

1.将充满氦气的霓虹灯接入电路，观察灯光的颜色。

2.依次替换霓虹灯，接入电路，观察灯光的颜色。

**实验原理：**在通电情况下，不同的惰性气体会发出不同颜色的光。氦气－黄色；氖气－红色；氩气－蓝色；氪气－橙色；氙气－白色。

**方块爱生活**

稀有气体化合物主要被用来制作氧化剂。

红桃讲故事

## "懒"元素氖气

威廉·拉姆塞是英国化学家，他从小受到良好的家庭教育，性格坚韧，学习刻苦，1880年被布里斯托尔学院聘为化学教授，后升为该院院长。他主要研究有机化学和物理化学，年轻时就出版了《大气中的气体》《元素和电子》等著作。

与世界上众多科学家相似，拉姆塞在工作中一丝不苟，不畏困难。发现氩、氦元素之后，拉姆塞用同样的分光技术来寻找未知"懒惰气体"。可是，当他检测除去氮、氧、二氧化碳、氦、氩气后的残余气体时，吃惊地发现，光谱上竟然显示出一些红色和绿色的谱线。只不过他没办法确认这些谱线是哪种元素发出的。

过了一年多，拉姆塞受到科学家特拉弗斯启发，决定把空气变为液体再进行分馏。在特拉弗斯的帮助下，拉姆塞顺利地

把剂量为 1L 的空气在 -215℃时变为液体，并进行蒸发，最后得到了 25ml 氩气的挥发物。他发现这些挥发物具有极艳丽的光谱，带着许多条红线和绿线。

拉姆塞 13 岁的儿子威利建议用希腊文 Neve（新奇）来表示这种神奇的惰性气体，不过拉姆塞觉得同义词 Neon 读起来更好听，于是他们把此元素命名为 Neon，简称 Ne。后来中国科学家引入西方化学，将此元素翻译成"氖"。

1. 氦是宇宙中第二丰富的元素，它在恒星和巨型气体行星的构成中发挥着重要作用。

2. 霓虹灯中的深蓝色光主要是由氖气发出来的。

3. 在极端条件下，惰性气体中的氦、氖、氩相对活跃，而氪、氙、氡相对来说则非常冷漠。

# 会爆炸的电动车

　　锂电池，是由锂金属或锂合金为负极材料、使用非水电解质溶液的电池。

　　锂金属是一种非常活泼的化学金属，因此，锂金属的加工、保存、使用，对环境的要求非常高。

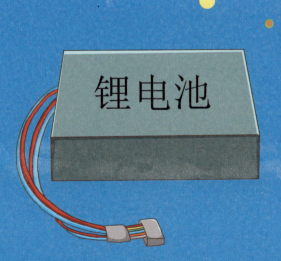

锂电池

这就是科学

为什么锂电池会爆炸？ >>>
平时我们怎么才能安全使用锂电池呢？

上课铃响了。

班主任张老师拿着课本走进教室。

"同学们，今天我们学习第四单元的第一课——《雅鲁藏布大峡谷》。这篇课文为我们描绘的是大自然留给我们的珍贵遗产——雅鲁藏布大峡谷。雅鲁藏布大峡谷所处的地理位置有同学知道吗？请举手。"

"我知道。"坐在第 3 排的方块忽然站了起来答道："在我国的西藏自治区。"

"好，方块同学回答得非常正确，雅鲁藏布大峡谷在'世界屋脊'青藏高原上，与珠穆朗玛峰为邻，这块号称'世界屋脊'的土地有异常丰富的景观，它不但有世界最高的山峰，还有世界最深的峡谷——雅鲁藏布大峡谷……"

"报告！"大家循声望去，只见大东正气喘吁吁地站在教室门口，书包歪歪扭扭地背在肩膀上。

张老师赶忙让他进来，继续讲课。

课后，张老师关切地问："大东，今早你一直没来，我给你爸爸打电话，你爸爸在电话里也没说清楚。你们在路上怎么了？路上很堵吗？"

"老师，您可不知道，今早太惊险了。我跟我爸骑电动车出门，路过早餐店，我爸说吃点东西再送我过来。谁知道我俩刚把电动车停在路边，人还没踏进早餐店，只听见后面'嘭'的一声，吓我们一跳。您猜

怎么着？"

看着大东故意卖关子，方块敲了敲自己的桌子，说："大东，到底怎么回事？我们这心都提到嗓子眼儿了。"

大东喝了一口水，接着说："原来啊，我们停在路边的电动车突然发生了爆炸，车座子下面的电瓶不知怎么回事突然炸了一个窟窿。还好当时旁边没人，我可爱的'黑色金刚'，就这么变成'黑色乌鸦'了。"

大家不禁笑出声来，张老师说："你呀，还有心思开玩笑。你跟你爸爸人没事儿就好。现在电动车好多都是用的锂电池，如果电动车电池有问题，确实会引发爆炸。"大家这才明白。

放学回到实验室，方块第一个将班级大新闻告诉了歪博士。梅花和红桃则把书包放下，走到厨房拿起水杯"咕咚咕咚"喝了好多水。

"博士，您说是不是电动车像我们一样太渴了才爆炸的？"红桃觉得电动车好好地能自己爆炸，太奇怪了。

锂电池过热会导致"热失控"，这其实是电池内部的放热反应，导致电池内部温度和压力快速上升，能量被迅速耗费掉。一旦某个电池单元进入了热失控状态，就会产生足够的热量，使相邻的电池单元也发生热失控连锁反应。最终会导致电池单元轮流破裂，产生一种反复燃烧的火焰，继而引发电解液泄漏。

歪博士合上手里正看的报纸，说："今天你同学爸爸的电动车在街头爆炸，新闻在民生频道都播出来了。其实现在很多电动车确实使用了锂电池，这种新型电池的安全问题概括起来叫'热失控'。一些杂牌子电动车厂家为了节约成本，偷工减料，连保护装置都没有，所以锂电池电动车爆炸的原因应该有很多。"

方块好奇地问："那锂电池究竟长什么样子啊？难道是一块超级无敌大的方形电池？"

博士说："锂电池的内部构造特别简单，好像一块夹心饼干一样。外面是正负极的隔膜，中间夹着电解液。当电池工作的时候，饼干中间的夹心就不断游动。锂电池一般都有一定的延展性，如果摔它基本上是不会引起爆炸的。"

"会不会是电池内部发生短路？"梅花想起这个问题。

歪博士点点头说："这倒是有可能。密闭的电池内部短路，可以在短时间内让电池产生极高的温度并让内部的电解液以及少量的蒸汽膨胀形成大量气体。由于这一切发生得很快，气体来不及从泄气阀中排出，从而很容易发生爆炸。此外，如果电池质量有问题，或者电解液不合格，也会引起电池爆炸。"

**智慧问答**

如何安全使用锂电池呢？

除了电池本身质量和电解液质量，黏结剂也是影响电池安全使用的因素之一。黏结剂不合格的话，就会产生掉粉，形成的毛刺造成内部短路，最后导致锂电池爆炸。所以，使用正品锂电池，选择质量信得过的厂家，是保证安全使用锂电池最有效的办法。

"博士，看来我们以后要认准电池品牌，合理使用电池。我可不想被炸成爆炸头。"方块调皮地说。

说话间，天色已晚，歪博士催促他们几个赶快休息，为第二天上学做准备。方块准备明天一到学校就把今晚他们分析的结果告诉大东……

# 锂电池的充电和放电

锂电池在生活中非常常见，我们使用的电动车就有很多安装的是锂电池，现在我们就一起来观察一下锂电池。

**安全提示：**本实验在进行过程中要用到电，要注意用电安全。

**实验目的：**观察锂电池的充电和放电。

**实验准备：**电动车的锂电池、充电器。

**实验过程：**

1.取一块没有电的锂电池安装到电动车上，电动车无法正常使用。

2.给锂电池充电，充满电后再安装到电动车上，电动车可以正常使用。

**实验原理：**在充放电时锂离子在电池正负极往返出入，正像摇椅一样在正负极间摇来摇去，故有人将锂离子电池形象地称为摇椅电池。

锂电池作为最主要的便携式能量源，影响着我们生活的方方面面。

# 锂离子电池之父——吉野彰

吉野彰是一位日本科学家，出生于1948年。他研制出了世界上第一个可以充电的锂离子电池原型。锂是一种银白色的金属元素，质地较软，是世界上密度最小的金属，主要用于原子反应堆、制轻合金及电池等。

后来，为了进一步改进锂离子电池性能，吉野彰进行了多次技术实验，并先后研发出了用铝箔做正极集流体的技术、用聚乙烯薄膜做离子隔膜确保电池安全性能的隔膜技术、电极及电池构造技术等一系列的产品技术，制造出了这种安全且输出电压可以达到4V、接近金属锂电池的锂离子电池。

1991年，吉野彰开发的锂离子电池被索尼公司推向市场，

迅速成为各种电子产品广泛使用的电池产品。吉野彰先生也在锂电池领域获得了辉煌成就。

1. 确保电动车处于电源关闭状态的情况下才能拆卸电池。

2. 应该经常检查电动车的电路接点是否松动，防止串电事故的发生。

3. 电动车充电时，不得高于最大充电电压。

# 一封情书永流传

相同且单一的化学元素组成的性质不相同的单质被称为同素异形体。

碳的同素异形体有金刚石、石墨和无定形碳。

碳

金刚石　　　无定形碳　　　石墨

歪博士爱提问

铅笔是由什么制成的？ >>>
为什么用铅笔作的画、写的字不容易褪色？

这天，歪博士心血来潮，翻出了几十年前的画作。这些画摞在一起，甚至有一座小山丘那么高。正在这时，红桃和方块来了。刚一进屋，他们就被眼前的情景吓傻了。方块张大着嘴巴说："歪博士，您这是在干什么？"

"我在整理之前的画作。"歪博士一边说着，一边继续整理。

方块和红桃来到歪博士身旁坐了下来，红桃不禁感慨道："歪博士您可真厉害，画了这么多画！"

红桃翻看着歪博士的画作，内心既崇拜又羡慕："歪博士，我看画纸都已经泛黄了，这些画应该有些年头了吧？"

歪博士有些感慨，缓缓开口说："是啊，这都是二十年前画的！"

红桃瞪大了双眼，简直不敢相信这些画居然是"老古董"了。方块也非常惊讶，问道："歪博士，为什么这些用铅笔画的画不会褪色呢？"

"对啊，这是为什么呢？"红桃也问道。

歪博士笑着说："别着急，我慢慢为你们解释。铅笔里的笔芯是由黏土和石墨构成的，而其中石墨又是由碳元素组成的。"

红桃奇怪地说："歪博士，我想问一个问题，明明叫铅笔，为什么它里面却偏偏不含铅呢？"

方块也紧跟着说："是啊，我经常听到有人说不可以咬铅笔，否则会

导致铅中毒之类的话。"

歪博士纠正说："这种说法是错误的。因为最早期的化学并不成熟，人们将石墨矿误认成铅矿，所以才有了铅笔这个名字。然而事实是，铅笔芯里的主要成分是石墨。"

"那黏土又有什么用呢？"红桃继续提出了自己的疑问。

"黏土的作用是为了增加笔芯的硬度，使它不容易折断。"歪博士解释道。

方块紧接着问："既然铅笔芯的主要成分是石墨，那么石墨含量的多少也会影响铅笔的使用感受吧？"

"这个我知道，"红桃兴奋地说道，"铅笔上标记的 B 就表示石墨的含量，比如 2B、3B、4B。B 前面的数值越大，石墨含量越多，碳的含量也就越多，笔芯的质地也就越软，画出来的颜色也就越深。"

钻石价格高昂，铅笔芯价格低廉，但从元素意义上说，这二者是"一家人"，之所以价格差距这么大，是因为晶体结构不同。

歪博士拍了拍红桃的小脑瓜，笑着说："你说得没错。"

方块突然想起之前的疑问，急忙问："歪博士，您到现在也没告诉我们为什么用铅笔画的画不容易褪色啊！"

"哎呀，忘了忘了，"歪博士拍了拍自己的脑门，赶紧为两个小家伙解释道，"铅笔画之所以不容易褪色，是因为碳元素有着非常稳定的结构。常温下，碳的化学性质不活泼，不容易与空气或其他物质发生反应。所以铅笔字或者铅笔画才不容易褪色。"

方块问："歪博士，碳元素到底是什么呢？"

歪博士说："碳是非金属元素，在元素周期表中排第二周期，并且它主要以化合物形式以及游离态存在。"

方块问道："游离态是什么呢？是以游动且离散的状态存在吗？"

红桃撇撇嘴说："游动且离散？你可真会组词造句啊，方块！"

歪博士摇了摇头，笑着继续说："以碳为例，这种元素不与其他元素结合在一起，而能以单独形态存在，比如金刚石、石墨，这就是游离态；而化合物形式则……"

"这个我知道，碳的化合物形式有二氧化碳对吗？"红桃抢着说。

歪博士肯定道："没错！除此之外还有一氧化碳、碳酸盐、碳酸氢钠、葡萄糖等。"

钻石就是金刚石吗？

钻石是由金刚石经过加工而制成的产品。碳是钻石的化学成分，并且是由单一元素构成的。钻石晶体有不同形态之分，例如菱形十二面体、八面体立方体。钻石之所以有不同的颜色也是因为含有的微量元素不同而形成的。

歪博士话音刚落，方块突然苦着脸说："怎么办啊？我'年轻'的时候用铅笔给同桌写过一封'情书'，既然铅笔字不会褪色，那岂不是可以永久流传了？"

红桃和歪博士哈哈大笑起来，这果然是一封情书永流传！

## 蹦蹦跳跳的葡萄干

了解了碳元素以后，同学们是不是对碳产生了兴趣呢？不如来做一个实验，亲自感受一下吧！

这就是科学

**实验准备：**几颗葡萄干、玻璃杯、水、小苏打（碳酸氢钠）、醋、搅拌棒、勺子。

**实验目的：**通过观察葡萄干在玻璃杯中的变化过程，了解碳的化合物（碳酸氢钠）的变化。

**温馨提示：**本实验需要认真观察。

**实验过程：**

1. 将清水倒入玻璃杯中，并放入几颗葡萄干，这时葡萄干会沉入杯底。

2. 向玻璃杯中加入两勺小苏打，并用搅拌棒搅匀。

3. 再向杯子中加入两勺醋，等待一会儿，并观察葡萄干的变化。

小苏打　　　醋

**实验原理：**

小苏打（碳酸氢钠）与酸发生反应可以产生二氧化碳，小气泡会使葡萄干向上浮。小气泡消失后，葡萄干就会下沉。

方块爱生活

用小苏打与食用醋可以自制苏打水。

红桃讲故事

# 铅笔的发明

铅笔是我们日常生活中最常见的物品，但是你们知道吗，铅笔的发展已经有四百多年的历史了。当然，这一切都要从1564年的英格兰巴罗代尔说起。

那一年，人们发现了一种黑色矿物，也就是石墨，这些石墨最先被当地的牧羊人所使用——在羊身上做记号。受这件事的启发，人们将石墨切成条状并用来写字和画画。不过石墨有一个缺点，就是会将手染黑。直到1761年，这个问题才得以解决。德国化学家法伯尔将石墨磨成粉末，洗掉里面的杂质，并在其中掺入硫黄、松香等物质，待混合物凝固后，制成了笔的样子，这就是铅笔的前身。

1662年，一位名叫卡斯特的德国人创建了法泊·卡斯特石墨铅笔厂，并进一步完善了制造石墨笔杆的技术。同一年，法国人康德用水清洗石墨，以此提高了石墨的纯度，又将石墨与黏土混合在一起制作成笔芯，人们将这种方法称为康德法。后

来，法国一位名叫孔德的化学家将黏土当作增固剂使用，再与石墨结合后，笔芯更加坚固并且耐磨。

时隔不久，美国有一位木匠名叫威廉·门罗，他将木条中挖出一条凹槽，又嵌入一根笔芯，最后将两根木条粘在一起，就创造出了铅笔。世界上第一支铅笔杆就出现了！铅笔也因此而出现在人们的生活里。

1. 石墨是碳的一种同素异形体。

2. 石墨化学性质稳定，耐腐蚀。

       3. 石墨用途广泛，是一种重要的非金属矿产资源。

# 放屁王

氮气是一种无色无味并且难液化的气体。
氮气的密度小于空气。

这就是科学

歪博士爱提问

屁是由什么组成的？ >>>
在生活中，氮气有哪些用途呢？

这天天气晴朗，万里无云，红桃、梅花、方块一起去上学。三个人并排走在安静的小路上，只听见小鸟在树上"叽叽喳喳"地吵闹着。

"噗——"一声闷响打破了这片安静，随后一阵恶气传来，红桃和梅花一起看向方块，不禁捂住了鼻子。

"噗——噗——噗——"方块一连又放了好几个屁。

红桃终于忍不住，对着方块大声嚷嚷说："你怎么一直放屁啊，好臭啊！"

方块挠了挠头，不好意思地说："我也不知道为啥啊！我今天早上只吃了红薯，别的什么也没吃啊！"话音刚落，又是一声屁响。

"就是因为吃了红薯，你才一直放屁的。"梅花对方块说，"红薯是一种淀粉食物，它里面含有氧化酶，这种酶会在人的肠道中产生气体。"

"肠道中产生的气体就是屁吧？可是这些气体是什么呢？"方块问。

"我不知道。"梅花看了看手表说，"我看时间还早，而且智慧屋离得也很近，不如我们去问问歪博士吧！"

三个人达成一致意见之后，在方块"屁声"的伴奏下向智慧屋走去。来到智慧屋，按响门铃，又是智慧1号来开门，可还没等机器人说出"欢迎光临"这四个字，方块就放了一个"震天响"的屁，吓了智慧1号一跳。

歪博士闻声急忙赶了过来，边走边用手捂住鼻子说："怎么，你们三个来我家投毒来了吗？"

红桃指着方块说："都是他，这个放屁王一路上不停放屁。"

方块为了掩饰放屁的尴尬，主动说："歪博士，屁是由什么组成的呢？"

"屁含有二氧化碳、氮气、氢气、甲烷、氧气以及其他气体杂质。其中氮气占59%，是含量最多的气体。"歪博士说。

"屁中居然还含有氢气？那屁岂不是会燃烧？"梅花有些惊讶。

方块立刻用手捂住了自己的屁股说："这……放屁居然是一件这么危险的事情！你们放心，为了保证大家的生命安全，我肯定不再放屁了！"刚说完，又跟着一连串屁响。

空气中含有78%的氮气，它是空气的恒定组成部分之一。氮气的用途有很多，可以填充食品包装、冶炼金属、机械加工、做集成电路的保护气，还可以合成氨、炸药、硝酸以及用于医药和电子工业等。此外，氮还是一种营养元素，可以制作成氮肥。

歪博士捂着鼻子说："氢气在屁中的含量通常占21%，但有时候会高达47%，不过不用担心，氢气不会一直处于临界值的。而且你们不要忘了，屁中含量最多的是氮气。说起氮气，它是一种无色、无味的气体，也是空气的组成部分。氮气的化学性质非常稳定，在常温下也不易与其他的物质发生化学反应，更是难以液化。"

"歪博士，我记得有一句老话叫'雷雨发庄稼'，听说这与氮气有关是吗？"梅花问。

"没错，这其实是叫自然固氮，就是说在自然状态下，空气中的氮元素转化为含有氮元素的化合物。"歪博士说。

灯泡里为什么会填充氮气？

如果灯泡中不填充气体，灯泡内部与外部会产生过大的气压差，灯泡会被空气压破、挤碎，所以在灯泡内部必须填充气体，这些气体用来维持灯泡内外气压的平衡。灯泡内填充氮气，是因为在常温下氮气不活泼，不会与加热后的灯丝产生反应。此外，氮气可以保护钨丝，减少挥发，延长钨丝以及灯泡的使用寿命。

036

这时，方块又没忍住放了个屁，他自己也捂住了鼻子："歪博士，自然界到底是怎么固氮的呢？"

歪博士说："一种是高能固氮，这种方法是通过闪电等产生含有氮的化合物；第二种是生物固氮，这种方法是通过微生物种群将空气中含有的氮气转化为含氮化合物。"

方块一边点头一边放了一个臭屁。

现在，整个屋子都充满了"方块的味道"，歪博士憋得脸都青了，梅花看着歪博士"可怜"的模样，匆匆拉着方块和红桃去上学了。

## 制取一氧化氮实验

了解了氮元素以后，同学们是不是对氮产生了兴趣呢？不如来做一个实验，亲自感受一下吧！

**实验准备：**铜片、稀硝酸、注射器、塑料泡沫、两个烧杯、氢氧化钠、一个酒精灯、手套一副、口罩一个。

**实验目的：**通过观察稀硝酸的变化来了解一氧化氮的特性。

**温馨提示：**一氧化氮具有毒性，实验时需小心，做好防护。

**实验过程：**

1.戴好手套、口罩，将铜片放入50ml容量的注射器中，并将注射器中的空气排干净。

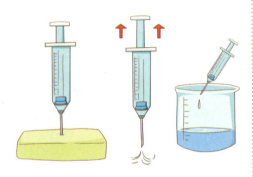

2.用注射器吸取加热过的稀硝酸，然后迅速将注射器倒置过来，并将针头插入塑料泡沫中。

3.当收集到气体后，将塑料泡沫拿走，缓慢向外拉动活塞，使内部吸入少量空气。

4.将氢氧化钠倒入烧杯中，再将反应后的溶液排入氢氧化钠中。

**实验原理：**

铜与稀硝酸反应会产生无色的一氧化氮气体，一氧化氮与空气中的氧气接触，会产生红棕色的二氧化氮。

"雷雨发庄稼"是有一定道理的，因为在放电条件下，空气中的氮气和氧气化合成氮的氧化物，再经过一系列复杂的化学变化，就生成了易被农作物吸收的硝酸盐。

红桃讲故事

# 氮气的发现

氮气是空气的主要成分，虽然性质不活泼，但是它的发现却比氧气还早。

这个发现要追溯到1755年的英国。有一位名叫布拉克的化学家在进行实验时发现，被封闭在玻璃罩内的木炭燃烧后会产生一种名为碳酸气的物质，就算使用苛性钾溶液来吸收也会残留大量空气。时隔不久，布拉克的学生卢瑟福做动物相关实验时，将老鼠放入密闭的玻璃罩内直到其死亡，却发现玻璃罩内的空气体积减少了十分之一，继续用苛性钠溶液吸收剩余气体时，空气还会继续减少。卢瑟福发现，即使密闭的玻璃罩内还有空气，老鼠也无法存活，但密闭玻璃罩内残留的空气却可以燃烧蜡烛。等到蜡烛熄灭后，卢瑟福又将磷放了进去，磷也同样可以燃烧。紧接着卢瑟福开始对磷燃烧后残留的空气进行研究，他发现这种气体不溶于苛性钠溶液，也不可以维持生命，因此，他将这种气体定名为"毒气"。

在同一年，普利斯特里也做了相关实验，他发现将五分之一的空气变为碳酸气后，用石灰水吸收过后的气体不能用来呼吸，也不能助燃。卢瑟福和普利斯特里相信燃素学说，他们将剩下的气体称为"被燃素饱和了的空气"。后来，随着科学的不断发展和进步，人们将这种气体称为氮气。

1. 氮气是一种无色无味的气体。

2. 氮气的化学性质非常不活泼。

3. 氮的化合物可以用作食物或肥料。

# 攀登雪山的准备

氧气是一种无色无味、不溶于水的气体。
液氧是天蓝色的，固氧则是蓝色晶体。

液氧

液氧

固氧

歪博士爱提问

氧气有什么特点？ >>>
氧气对于我们的生活有什么帮助？

下午考试完毕，方块背着书包回到了家中。客厅里，歪博士正在整理四件崭新的冲锋衣，防水防寒的布料让衣服看起来特别精致。

"博士，我们这儿又不冷，您怎么买了这么多件冲锋衣？"方块好奇地走了过去，这才发现冲锋衣是一大三小。

"来，方块，你试试，这几件小的是你跟红桃、梅花的。"说着，歪博士挑出了一件深蓝色的冲锋衣罩在了方块身上，见大小正合适，歪博士笑着说："大小和颜色正合适，看来我的眼光还不错嘛。"

"博士，您还没回答我的问题呢。"方块说。

"哈哈，你这个小家伙，你忘了我说过要带你们三个去探险吗？最近学校休假，我准备带你们去攀登雪山，这冲锋衣就是预备到时候

用的。"

　　"雪山？"方块的眼睛亮了起来，"博士，您是说这次我们要去攀登雪山？那真是太帅了！我们之前去过好多地方，什么森林啦，山地啦，就是还没有去过雪山。不过，我们要去攀登哪座雪山啊？"

　　"玉龙雪山。"歪博士望着窗外，似乎美景已经浮现在眼前，"云南省丽江市是一座很美丽的城市，有很多雪山群。在丽江北面，大概15公里处就是玉龙雪山。这座雪山是北半球离赤道最近终年积雪的山峰。整座雪山就像扇形方阵一样守卫着古城。"

　　"玉龙雪山的名字真好听。"方块不禁感叹。

　　"玉龙雪山这个名字意思为'天山'，有十三座雪峰，绵延不绝，宛若一条巨龙横卧。"歪博士指着电脑上的图片接着说，"这座雪山的岩性主要是石灰岩和玄武岩，有黑有白，所以被人们叫作'黑白雪山'。"

　　经歪博士这么一讲，方块对玉龙雪山更感兴趣了："博士，我已经等不及要去这个美丽而圣洁的地方了。"

　　玉龙雪山的冰雪融化成河水，一路从雪山东麓的山谷流过。人们因为看到月亮在蓝天的映衬下倒影在蓝色的湖水中，所以给它起名为"蓝月谷"。蓝月谷中的河水受到山体阻挡，形成了4个较大的水面，被人们称为玉液湖、镜潭湖、蓝月湖和听涛湖。

　　"方块，攀登雪山可不是闹着玩儿的。"歪博士严肃地说，"我们要去登雪山必须做好万全的准备，除了身体准备，还得准备一些特殊的物品。比如日用品、登山装备、技术装备，还必须带一些氧气装备。"

方块深呼吸一口："氧气也得自己带？"

博士摸摸方块的脑袋，笑笑说："在攀登比较高的山脉时，尤其是攀登 7500 米以上的高峰时，为了克服高山缺氧和应对医疗急救，一般得备一些氧气装备。我们可以带几个氧气罐，万一到时候因为爬山太高，氧气供给不足导致缺氧，我们就会因为大脑供氧不足而呼吸困难，严重缺氧可能还会昏厥。如果及时补充适量的纯氧，大脑的状况就会得到改善。"

"氧气可是我们的生命之气，博士。"方块说。

"你说得没错，氧在自然界分布最广，是丰度最高的元素。动物呼吸、燃烧和所有的那些氧化过程都需要消耗氧气。"博士拉着方块望向窗外说，"你看，门外那些土地里一些东西的腐化过程也得消耗氧气。"

"博士，为什么电视上说冶炼金属也需要用到氧气呢？"方块想起之前看到的新闻里这么说过。

歪博士扶了扶眼镜说："那是因为人们在切割和焊接金属时，需要用

到纯度很高的氧气和可燃气相结合，比如将高纯度的氧气和乙炔相混合，就会产生温度特别高的火焰，然后就可以把金属熔融。不光这样，如果想得到高热值的煤气，可以把氧气和水蒸气的混合物输入到煤气气化炉里面，所以氧气的应用特别广泛。"

智慧问答

既然氧气这么重要，我们可以通过大量吸氧保持健康吗？

大量吸氧，尤其是呼吸纯氧，会引起动物和人类中毒。如果在大于半个大气压的纯氧环境中，人类的所有细胞都会中毒，尤其是肺部毛细管屏障会遭到严重破坏，导致水肿、肺出血，呼吸功能也会因此遭到极大的损害。

"博士，接下来几天我会和红桃、梅花全力为玉龙雪山之行做准备。"

歪博士说："玉龙雪山虽然很美，但是山上的气候很有考验性，山路陡峭，你有信心吗？"

"有！"方块豪气十足地说，"玉龙雪山，我们来了！"

冬意正浓，这场攀登之旅一定会特别精彩。

我爱做实验

## 水火好朋友

水与火本来不共戴天，难道会有火花在水下出现的情况吗？让我们通过实验去见识水火的特殊"友情"吧。

**安全提示：** 本实验要用到小刀和白磷，请在家长的陪同下

进行实验。

**实验目的：** 观察燃烧所需要具备的条件。

**实验准备：** 一个 500ml 烧杯、一个制氧装置或塑料氧气袋、镊子、小刀、毛玻璃片、木垫。

**实验过程：**

1. 把烧杯放在木垫上，加入约 2/3 容积的沸水。

2. 用镊子轻轻取一块白磷，再用小刀在毛玻璃片上将白磷切成小块，依次加入沸水中。

氧气袋

3. 将准备好的制氧装置加热，装置冒热气后，用玻璃导管口对着水底的白磷吹气，我们会发现白磷在水下燃烧。

**实验原理：**

白磷燃点比较低，只有 40℃左右，在沸水中遇到氧气会发生燃烧，在水下形成火花。在热水环境中，生成的五氧化二磷可直接水化，生成一种中强酸——磷酸。

**方块爱生活**

通过氧化作用，人体内的酶可以把有机物"无火燃烧"，生成一定量的能量和无机物。

## 海底"氧气机"

在澳大利亚悉尼市郊的迪怀海滩上，曾经连续多日出现大量直径数厘米的绿色球体，这些球体毛茸茸、绿油油的，吸引了很多游客前来观赏。

它们分布在海边，没有任何规则，所以，有人说它们是外星人带来的礼物。不过这种猜测很快就被专家否定了，因为专家们经过研究发现，这些绿色的球体并不是危险物，而是一种非常罕见的海藻。这些海藻之所以聚集成球状生长，可能是为了避免遭到鱼类吞食。

在生活中，我们最熟悉的海带、紫菜都属于海藻的不同种类。科学家们把海藻叫作"植物界的隐花植物"，它们虽然不会像陆地上的花朵一样开花结果，但是同样能够在水里面进行光合作用，释放出氧气，所以，海藻可以称得上是海底"氧气机"。

1. 氧气中断 30 秒时，大脑细胞就会被破坏；如果持续 2~3 分钟，将会给大脑细胞带来致命的危险。

2. 法国化学家拉瓦锡从氧化汞中分解出了一种助燃、助呼吸的气体，被称为"纯空气"，直到 1777 年，才被命名为"氧气"。

3. 我们的生存空间里，空气成分中氧气占到 21%，二氧化碳仅占 0.03%。

## "臭臭" 的气体

臭氧又叫作超氧,是一种有着特殊气味的淡蓝色气体。氧气的化学性质较为活泼,可与大部分元素发生反应。

臭氧

这就是科学

歪博士爱提问

臭氧有什么作用？ >>>
氧气的同素异形体有哪些？

今天上午，学校组织学生去污水厂参观污水的处理过程。红桃、方块和梅花三个人感到非常兴奋，回来之后便迫不及待地来到智慧屋，想与歪博士分享他们的参观心得。

"歪博士，我们今天去参观污水处理厂了！哇，那地方简直太酷了！"方块说着从书包里掏出宣传册，边说边比画着说，"这里就是我们去的地方。"

"我今天总算知道污水是怎样处理的了！"梅花也兴奋地说。

"我也是！老师一共给我们讲解了四种常见的污水处理方法，有物理法、化学法、物理化学法和生物法。但是老师还说了一种不常用的方法，叫……"红桃一时想不起来第五种处理方法是什么了。

方块也皱起了眉头，小声嘀咕："好像是一种什么氧气法！"

梅花敲了敲方块的头，又指了指宣传页上醒目的文字——臭氧处理污水工艺。

"对对对！是臭氧！我第一次知道臭氧居然还有这种作用，以前一直听说臭氧是有害物质，不仅会危害农作物和森林，还会侵害人的眼睛和呼吸道，不过今天，我对臭氧的看法改变了！"方块说。

歪博士笑了笑："臭氧也并不是'十恶不赦'的大坏蛋，吸入少量的臭氧是对人体有益处的，不过吸入过量就对我们的健康产生危害了。"

"我之前的想法也和方块一样，"梅花说，"但是回来的路上我查看了许多关于臭氧的资料，发现在利用臭氧处理污水时，可以通过氧化

臭氧

起到杀菌的作用，永久消灭细菌和微生物；并且臭氧可以去除水中的杂质、污泥和某些化学物质，臭氧可真是个宝贝！"

"那么说，臭氧的利用价值可真是高啊！"红桃有些感慨，"但是我听老师说臭氧污水处理工艺并没有被广泛应用，到底为什么不能将它作为常用的污水处理办法呢？"红桃对此感到非常好奇。

梅花和方块也摇了摇脑袋，于是三个人一起看向歪博士，想听听他的解释。歪博士说："首先，臭氧的设备是非常昂贵的，使用技术也比较复杂，每一步都要精密操作；其次，从污染源排出的污水含有大量污染物，有些污染物浓度过高，这些都不符合排放标准，还需要人工来强化。"

"难怪我们今天没有看到臭氧处理污水工艺！"红桃感慨着，但是心里非常崇拜那些对臭氧做出研究的学者。

这时，方块问："臭氧是因为臭才被叫作臭氧的吗？"

"每当雷雨过后，在森林中会闻到一股草腥味，实际上这就是臭氧的气味。通常，比较严肃的说法是臭氧具有特殊气味，并呈现淡蓝色。"歪博士说。

知识拓展

臭氧技术已经应用在市政污水处理等领域，臭氧处理法不会造成二次污染并且节省空间，净化污水的能力也非常强。臭氧技术在处理污水的时候会启动四大基础部分——发生、冷却、干燥和气水混合，以及电控系统和结构系统。

"臭氧和氧气只差了一个字，它们有什么关系吗？一定是亲戚吧？"红桃问。

"我觉得你说的是同素异形体，氧气和臭氧是同素异形体吧？"梅花望向歪博士。

歪博士说："没错，臭氧比氧气多了一个氧原子，因为氧原子是非常活泼的，所以臭氧容易分解，同时也有很强的氧化性。"

地球为什么会形成臭氧层空洞？

人们对于臭氧洞形成的原因通常有三种说法：1. 某种大气化学反应可以在臭氧层中发生，将臭氧分解为原子氧以及分子氧，进而产生臭氧洞；2. 在太阳活动的强烈时期，有着明显增强的宇宙射线使氮化物发生反应，形成臭氧洞；3. 太阳辐射造成空气变热，并不断产生上升运动，对流层臭氧含量明显小于平流层臭氧含量，造成臭氧洞。

"氧原子原来这么活泼啊，它可真调皮。"方块笑着说。

"没错，氧气是由氧分子组成的，而两个氧原子就可以结合成一个氧分子。因为氧气的化学性质是非常活泼的，所以除了一些稀有气体和活泼性比较小的金属元素之外，绝大部分的元素都可以与氧气发生氧化反应。"歪博士说。

"看来氧气可真是广受欢迎呢！"方块笑着说。

梅花和红桃也跟着点了点头。

## 制取氧气实验

了解了氧元素以后，同学们是不是对氧产生了兴趣呢？不如来做一个实验，亲自感受一下吧！

**实验准备：**高锰酸钾、带铁夹的铁架台、集气瓶、试管、单孔橡皮塞、导管、水槽、酒精灯、药匙。

**实验目的：**通过观察实验变化来学习制取氧气的反应原理以及认识氧气的性质。

**温馨提示：**
实验需要用到酒精灯，请小心。

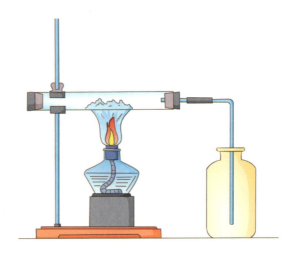

**实验过程：**

1. 将酒精灯与试管固定在铁架台上，随后用药匙取高锰酸钾装入试管中并在瓶口堵上单孔橡皮塞，在单孔橡皮塞处插入导管，将导管另一端插入水槽上方的集气瓶中。

2. 将水槽中盛满清水，将导管的一端浸入清水中，用手紧捏试管的外壁，如果水中的导管口处有气泡冒出，则证明了装置不漏气。

3. 用酒精灯加热高锰酸钾，观察集气瓶中的现象。

**实验原理：**
高锰酸钾加热后会产生二氧化锰、锰酸钾以及氧气。

在高压（超过常压）的环境下呼吸纯氧或高浓度氧，可以治疗缺氧性疾病。

# 臭氧技术发展史

　　臭氧这个名字和它的"臭味"最早记录在一篇名为"伊里亚德和奥德塞"的长诗中。随后在1785年，一位名叫冯·马鲁姆的德国物理学家在进行大功率的电机实验时，发现当电火花内有空气流过时会产生一种特殊气味，但他对此并没有深入研究。1801年，一个叫克鲁伊克仙克的人发现水在电解的过程中也会产生同样的特殊气味。

臭氧发生器

　　1840年，名为舒贝因的荷兰科学家宣告了臭氧的发现。他向慕尼黑学院提交了备忘录，在其中解释道，在研究火花放电以及电解实验中闻到特殊的气味，并同时指出，在闪电过后也可以闻到。舒贝因将这种气体命名为臭氧，在希腊语中有"难闻"的意思。

　　在1845至1866年之间，德·拉·里韦、马里亚斯、亨特、安德鲁和泰特等学者分别通过不同的实验获得了臭氧并对臭氧的性质做出了研究。其间，在1857年的时候，冯·西门斯

研制出了臭氧发生管，使臭氧的技术得到了飞快的提升。这种臭氧发生器成为了放电臭氧发生器的原型，西门斯第一台臭氧发生器是由两根玻璃管组成的，锡箔覆盖着外管以及内管，内部架起的环状空间可以使空气气流通过，内管与外管又同时连接着电感线圈，这种装置可以将部分氧气转化为臭氧，在当时引起了极大的反响。

直到 1868 年，霍尔曼又对臭氧的热化学特性做出了重大研究。

1. 氧气的化学性质比较活泼。

2. 氧在自然界中分布最广，占地壳质量的48.6%。

3. 空气中的氧可以通过植物的光合作用得到补充。

# 举重的"小胖子"

镁是一种金属，银白色并且具有延展性。

镁粉是一种银白色粉末，燃烧时会释放大量热量。

镁有什么特点？ >>>
在日常生活中，镁粉有什么作用？

市体育场举办了一场"青少年举重大赛"，梅花是比赛选手之一。

梅花的经历可以说是一部"血泪史"——进入青春期，梅花迅速发胖，简直胖成了一个球，因此，她变得非常自卑。为了拥有苗条纤细的身材，梅花每天都做大量的运动。皇天不负有心人，梅花将自己练成了一个结实的"胖子"，并且在举重方面显示出了极高的天赋。

"哎，你说梅花能拿到冠军吗？"红桃坐在看台上，一边观看比赛一边问方块。

方块挠了挠头，想了想说："我看有点儿悬。"方块指了指候场区的一个女孩，"你看那个选手体型比梅花大了一倍，我感觉梅花不是她的对手。"

正说着，赛场上突然响起了梅花的名字。梅花抓了一把白色的粉末，淡定地走到杠铃前。她深吸一口气——蹲下——抓起杠铃——挺举，所有动作一气呵成。方块和红桃忍不住拍手叫好，台下也顿时响起掌声。

"歪博士，为什么举重之前都要在手上抹一层面粉呢？"方块不解。

红桃看了看方块，眼神里流露出关爱的神情："那才不是面粉，那是白粉！也就是碳酸镁，大家都管它叫镁粉。"

"啊，碳酸镁，它是干什么用的？"方块继续问。

　　这个问题触及到了红桃的知识盲区，他也不知道答案，于是两个人齐刷刷地看向歪博士。歪博士笑了笑，解释说："举重运动员的手心会出汗，汗水会影响杠铃杆和手掌之间的摩擦力。摩擦力变小，运动员就无法完全控制器械，也就无法顺利完成举重动作，更严重的还会因此而受伤，所以，镁粉可以起到吸收汗水的作用，同时也有加大摩擦力的作用。"

　　"没想到这白乎乎的东西竟然可以保护运动员，真是不可思议。"方块感慨道。

　　"不过镁粉不可以受潮，不然会产生自爆或自燃现象，所以在储存镁粉时一定要小心。"歪博士补充说道。

　　"歪博士，镁粉是用镁做成的吗？"红桃问。

　　"对，单质镁的粉末形态就是镁粉。说起镁，它是一种金属，质地较轻，还具有一定的延展性，也是地壳中比较丰富的元素之一。镁处于空气中，表面会产生一层氧化膜，所以不易与空气反应。"歪博士说。

镁是人体内不可缺少的元素，也是人体营养素中的一种。人体的牙齿和骨骼中约含有 60%~65% 的镁，软组织中含有 27% 的镁。镁元素除了参与蛋白质、核酸的组成，还会影响钾离子的活动。此外，镁还能调控细胞分化和细胞增殖。

方块望着正在比赛的运动员，小声嘀咕着："镁粉除了可以吸汗，估计也就没啥用了。"

歪博士拍了拍方块的肩说："方块小朋友，你可不要小瞧镁粉哦。"

方块感到很惊讶，不可置信地说："博士，您的耳朵可真灵，我这么小声说话您都听见了。"

红桃一把捂住方块的嘴："哎呀，你别打岔，我还想听歪博士讲镁粉的用处呢！"

歪博士笑了笑继续说："镁粉不仅可以吸汗，还被广泛应用在军备、石化、航天、化工、航空、制药等行业。因为镁粉易燃易爆炸，并且在

燃烧时会产生白光和高温，所以被应用于军工业等领域中。镁粉还可以用作净化剂或者脱硫剂，所以还是炼钢业的宠儿。"

为什么会出现镁光灯？

镁粉在燃烧时会释放出强烈的白光，人们根据这一特点，将镁粉应用于照相机中，所以，早期的照相机闪光灯是利用镁粉的燃烧来发光的，那时候的闪光灯也被称为镁光灯。不过镁光灯的缺点非常明显，就是只能使用一次。后来随着科技的不断进步，光学相机和数码相机应运而生，镁光灯也已经被电子闪光灯所取代。

话音刚落，看台上响起了一阵阵热烈的掌声，红桃、方块和歪博士这才向台上看去——梅花取得了金牌！红桃和方块激动地抱在一起，一股自豪之感油然而生。

方块大声吼道："真没想到梅花战胜了那个强敌，真是太令人激动了！"

红桃也跟着用力点头："今天一定要吃顿好的庆祝一下！"

方块在一旁附和着。

歪博士笑着说："你们两个真是小吃货，就知道吃！"

## 镁条燃烧放光明

了解了镁元素以后，同学们是不是对镁产生了兴趣呢？不如来做一个实验，亲自感受一下吧！

**实验准备：**两块相同长度、相同重量的镁条，酒精灯，砂纸，坩埚钳。

**实验目的：**通过观察镁条的燃烧来了解镁的性质、特点以及认识镁的氧化物。

**温馨提示：**本实验需要用到酒精灯，需小心。

**实验过程：**

1.先取出一块镁条，用砂纸将其表面打磨干净，然后观察用砂纸打磨过的镁条与未打磨的镁条有何区别。

2.点燃酒精灯。

3.用坩埚钳夹住打磨过的镁条，并将一端放在酒精灯上燃烧，观察实验现象。

4.用坩埚钳夹住未打磨过的镁条，同样将一端放在酒精灯上燃烧，观察实验现象。

**实验原理：**

镁条在空气中燃烧，会产生氧化镁、氮化镁以及固体碳颗粒。

镁合金大量应用于汽车行业，它可以起到减少污染、节约能源、改善环境等作用。

红桃
讲故事

# 镁元素的"小历史"

1755 年，一位名叫约瑟夫·布莱克的英国化学家发现了镁，并确认镁是一种元素。他通过加热碳酸盐岩、石灰石、菱镁矿而制取出石灰和苦土，而苦土也就是现在常说的氧化镁。

1792 年，安东·鲁普雷希特通过加热木炭以及苦土的混合物而制取出了镁金属，但是，由于当时的提炼技术比较落后，制取出的镁金属并不纯净。直到 1808 年，一位名叫戴维的英国人通过电解氧化镁而制取出纯净镁。虽然制取出纯净的镁是一项重大的科学进步，但是，纯净镁的数量却非常少。

## 金属镁

1831 年，法国科学家布西制取出了大量的金属镁，他的实验方法是利用氧化镁与钾进行反应。在成功制取出大量镁后，布西开始研究镁元素的属性和特点。

20 世纪 30 年代初期，麦考伦与他的同事利用猫和狗来做实验，详细地观察了镁元素对动物身体的影响，以及缺乏镁元素的

反应。1934年，一篇临床报道证实了镁是人体不可缺少的元素。

镁被确定为元素后，被命名为 magnesium，Mg 是镁的元素符号。Magnesium 一词来自希腊一个名为美格里亚的城市。因为在这个城市的附近出产氧化镁，所以以此来命名。

1. 镁条燃烧会产生大量白烟。

2. 镁条在空气中燃烧时，空气里的氮气、二氧化碳、氧气都可以与镁条发生反应。

3. 镁在自然界分布广泛，是人体必需的元素之一。

# 方块吐泡泡

常温状态下，氯气是一种黄绿色气体，有毒。

氯是人体不可缺少的矿物质之一，同时也用于制造消毒液和漂白剂。

氯气

漂白剂的主要成分是什么？ >>>
人体中缺少氯元素会出现什么问题？

夏日炎炎，轻柔的风拂过脸庞，却带不来一丝凉意。歪博士带着红桃和方块来到游泳馆，打算让两个小家伙凉快凉快。

"咦，游泳馆里怎么有一股消毒水的味道，太刺鼻了。"方块捏着鼻子说。

"泳池需要消毒，所以游泳馆里本来就有消毒水的味道呀，你怎么连这点常识都没有。"红桃挑了挑眉说道，"你该不会是第一次来游泳馆吧？"

方块吞吞吐吐地半天说不出话来。没错，这确实是他第一次来游泳馆，而且方块也不会游泳。

"还真是啊！"红桃因为猜中了结果而窃喜。

方块感受到了红桃的"嘲笑"，心里很是不爽。虽然方块不会游泳，

但他凭着初生牛犊不怕虎的精神，用自以为帅气的姿势一头扎进水里，想给红桃一个下马威。然而，刚接触到水面，他就呛了一口水，慌了神的方块开始拼命挣扎，可是越挣扎，身体越向下沉，眼睛也睁不开，嘴巴不断地吞着水。拼命挣扎间，歪博士拉住了方块，将方块"捞"上了岸。

"不会游泳就不要逞强。"歪博士的语气中带有责备，"不要拿生命当儿戏。"

"嗝！嗝！嗝！"方块还没开口说话就一连打了三个饱嗝，逗得歪博士和红桃哈哈大笑，也因此缓解了耍帅失败的尴尬。

"哎哟，撑死我了！我都喝饱了！"方块嚷嚷着，"不过，我喝了这么多消毒水，不会中毒吧？"方块有些担心。

"说不好哦！消毒水中含有氯，氯可是有毒的。"红桃的脸上露出坏笑。

"你不要紧张，消毒水只要控制用量，对人体的刺激是很低的。"歪博士安慰方块，"当我们的表皮受损或者有外界细菌侵入人体时，白血球便会'奋力'抵抗外来细菌和病毒，这时白血球分泌出的次氯酸可以破坏细菌的细胞壁，细菌也就无法生存了。所以，我们人体也是会产生次氯酸的。"

歪博士见两人听得认真，于是继续解释说："游泳池经常用漂白剂来消毒，它的主要成分是次氯酸。次氯酸是一种淡黄绿色的液体，稀释后的溶液是无色的，但是它的气味非常刺鼻，与氯气的气味比较相近。"

"这么说来，氯气是氯元素的单质形态吗？"方块问。

"没错！"红桃抢着说，"氯属于卤族元素，也是一种非金属元素。氯的用途也有很多，比如，用作消毒剂、漂白剂，合成塑料、人造纤维，制造半导体或者盐酸。"

知识拓展

　　　　84消毒液与洁厕灵不可一同使用，否则会产生有毒气体，危害生命。洁厕灵大多呈强碱性，而84消毒液呈酸性，因为它的主要成分是次氯酸钠。当两者相遇会产生大量的白色泡沫和有毒气体，这种有毒气体便是氯气。严重的氯气中毒会使人丧失生命。

　　方块皱起眉头问："卤族元素？它们卤蛋界还有元素之分吗？"

　　歪博士和红桃的脸上露出哭笑不得的表情，红桃咧着嘴说道："你怎么就知道吃啊！卤族元素和卤蛋可是一点儿关系也没有！"

　　"不过，"方块认真地说，"虽然氯的用途有很多，但我还是觉得氯是个'坏家伙'。"

　　"你这话说得也太片面了。"红桃反驳道，"我们的身体里就含有氯元素，它对人体可是有着非常重要的作用！"

　　"红桃说得对，"歪博士紧接着说，"氯元素是人体所必需的矿物质之一，它与钠、钾形成的化合物可以维持人体内的酸碱平衡，同时也

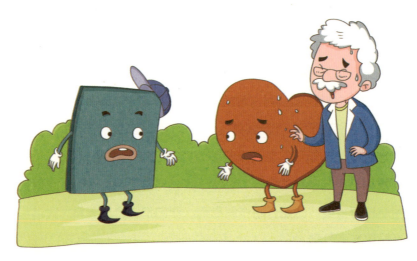

可以提高人体的免疫力。如果我们身体里缺少氯元素，就会出现掉头发、牙齿脱落、腹胀、呼吸缓慢等症状。"

氯元素对人体有哪些作用？

　　氯元素大多集中在细胞外液中，也就是说氯元素大量存在于细胞外的体液中。它除了可以保证人体内的水分，还可以维持人体内的酸碱性，所以，氯元素在维持人类生命体征中起到了不可忽视的作用。

　　胃酸的形成也离不开氯，胃酸可以保持胃里的酸性，胃蛋白酶才可以发挥作用。氯的电解功能还可以帮助肝脏排除废物。

　　听完歪博士的解释，方块不禁感慨道："氯元素可真是个'好家伙'呀！"

　　红桃"鄙视"地看向方块，"没想到你这个小伙儿竟然还有两副面孔，真善变。"

　　方块没有理会红桃，他请求歪博士教他游泳，随后的画面当然是——一个正方形的"小胖子"在水里不停地吐泡泡。

### 褪色实验

　　氯元素不仅可以制作漂白剂、消毒水，还是我们人体内不可缺少的元素。既然氯元素如此重要，就让我们一起做个实验吧！

这就是科学

实验准备：三瓶氯气、石蕊试剂、导气管、口罩。

实验目的：了解氯元素的物理性质、化学性质等特点。

温馨提示：本实验需要用到氯气，需小心。

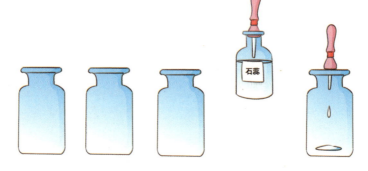

实验过程：

1. 观察瓶内的氯气。

2. 将氯气通入石蕊试剂中，观察现象。会发现石蕊试剂迅速变红，然后又褪色。

实验原理：

氯气溶于水显酸性，使石蕊变红，而生成的次氯酸具有强氧化性，使石蕊褪色。

方块爱生活

大多数自来水厂利用氯气对水进行消毒、杀菌。

# 发现氯元素

1774 年，瑞典有一位著名的化学家名叫舍勒，他非常热衷于研究软锰矿。他发现，当盐酸与软锰矿混合后，加热这种混合物就会产生一种黄绿色的气体，有着非常难闻的气味，简直令人感到窒息。舍勒对这种气体产生了极大的兴趣，又经过多次实验，他发现，这种难闻气体微溶于水，并且能令水呈酸性。除此之外，这种气体还能与很多金属发生反应。更神奇的是，它能使树叶、花朵褪色。

在那时，著名化学家拉瓦锡认为酸性的起源离不开氧，认为所有酸中都包含氧。舍勒也非常赞同这一观点，所以认为这种难闻的气体是一种化合物，并且其中一定包含氧。舍勒将这种气体称为"氧化盐酸"。

但是英国一位名叫戴维的化学家却提出了反对意见。因为

戴维做了无数次实验，可是无论如何也无法从氧化盐酸中提取出氧，他对舍勒的观点产生了怀疑。随后戴维做了一个大胆的猜想——氧化盐酸中没有氧。

一直到 1810 年，戴维用实验证明了氧化盐酸并不是化合物，而只是某种化学元素。"Chlorine"是戴维为这种元素取的名字，在希腊语里是"绿色"的意思，也就是我们所说的氯。

1. 氯气与金属发生反应时，起到氧化剂的作用。

2. 氯气与水发生反应会产生盐酸和次氯酸。

3. 次氯酸具有强氧化性。

## "咸"饭

钠是化学元素之一，并且只存在于化合物中。

食盐的主要成分是氯化钠，有矿盐、土盐、海盐、井盐之分。

氯化钠

矿盐　　土盐　　海盐　　井盐

这就是科学

歪博士
爱提问

钠元素有什么特点？
人类可以无限制进食盐吗？ >>>

最近一段时间，红桃迷上了烧菜。虽然这些菜品不好，摆盘也不讲究，但吃起来很美味，尤其是那道蚂蚁上树。周六上午，红桃来到智慧屋，打算为歪博士做几道菜：一来是为了感谢他这段时间对自己的照顾；二来也是想显摆一下自己的厨艺。

红桃刚走进智慧屋，就发现了一个熟悉的身影——方块。"你怎么在这儿？"红桃发问。

方块笑了笑，举起了手中的作业本："我有些资料要查，所以我来博士家写作业。你也是来写作业的吗？"

红桃摇了摇头说："我新学了几道菜，打算做给博士尝尝。"

一听到吃的，方块立刻两眼放光，开心地笑起来："看来我今天又可以蹭饭啦！"

红桃耸了耸肩没说什么，转身走进了厨房。方块急忙跟在红桃身后。歪博士看着两个孩子，内心一股暖意涌上心头。

厨房里，红桃忙着洗菜、切菜、准备调料。一切准备就绪，红桃起锅烧油，将豆瓣酱炒香后又放入了肉末。而方块呢？不仅不帮忙，还不停地吃东西。他一会儿啃黄瓜、一会儿吃西红柿，几分钟后又喝了一杯果汁。在等待肉末炒熟的间隙，红桃低声吼道："你这个臭方块，除了吃什么也不会。"

听见这话，方块当然不服气，也吼道："你怎么知道我不会？再说了你也没让帮忙啊！"

红桃不再理会方块，继续向锅里放入调料，不料，红桃撒盐的手一抖——盐放多了！

在一旁观看的方块摆出一副幸灾乐祸的模样："哎呀！你放了很多钠呀！你是想咸死我和博士吗！"

红桃翻了个白眼，说道："你是傻瓜吗？盐可不是钠！这明明是两种东西！"

方块有些疑惑，不禁皱起眉头。

这时博士走了过来，看出了方块的疑惑，于是向他解释说："食盐是一种物质，它的主要成分是氯化钠，而钠却是一种金属元素。另外，它们二者的构成也不同，钠是钠元素构成，而食盐是由钠离子以及氯离子构成的。"

"钠的化学性质比食盐活泼！"红桃补充道。

"对，过量的钠和水发生反应时会发生爆炸，而食盐则不会。"歪博士说。

红桃敲了敲方块的头，说："这下你知道盐和钠的区别了吧！笨蛋！"

知识拓展 食盐是一种离子型的化合物，主要成分是氯化钠。较为纯净的氯化钠晶体是无色透明的，呈立方体，味道比较咸，易溶于水和油，但是很难在乙醇中溶解，更不溶于盐酸。海水和天然盐湖中有大量氯化钠，氢氧化钠、盐酸、氢气、次氯酸盐等都可以被制取。

方块若有所思地点了点头："因为食盐中含有钠离子，所以钠对于我们人体来说也是很重要的元素吧？"

"没错，钠广泛存在于人体细胞中，不仅可以促进新陈代谢，还可以调节身体的酸碱平衡，同时保持渗透压的平衡。当我们的肌肉收缩时，也有钠的参与，可以说，钠是维持肌肉正常活动的重要元素之一。"歪博士解释说。

"原来钠还有这么多好处呢！以后我可要多吃点盐才行呀！"方块笑着说。

这就是科学

**智慧问答**

如何用海水制盐？

海水制盐的方法主要有三种，分别是冷冻制盐法、太阳能蒸发法（盐田法）以及电渗析法，其中太阳能蒸发法是一种普遍且古老的制盐方法。制盐步骤可以分为纳潮、制卤、结晶、采盐、储运等。首先将盐分最高的海水保存在修建的池子中，再利用太阳能蒸发海水，当海水逐渐蒸发，氯化钠达到饱和后，再将剩余的部分也就是卤水放入结晶池中。随着卤水继续蒸发，便会产生原盐，原盐达到一定程度就可以制盐了。俄罗斯、瑞典等处于高纬度地区的国家常采用冷冻制盐法生产海盐。

歪博士听见这话，赶忙说："钠虽然对人体有很多好处，但是盐分摄入过多的话，不仅会损伤血管的内皮细胞，还会使钙离子大量流失。过量的钠对人体的危害远不止这些，"歪博士看着方块继续说，"高血压、骨质疏松、肾脏疾病等都与钠脱不了干系。"

方块听后脸色变得铁青，他已经被这些危害吓得几乎说不出话来。没想到，吃太多盐竟然会危害人体的健康。他暗暗下定决心，以后一定要低盐饮食。

这时，三个人同时闻到了一股奇怪的味道——菜糊了。红桃因为听得太投入，早就忘记了自己还在炒菜。这下好了，菜是吃不上了，只得让歪博士破费了。

# 钠的实验

学习了上面的知识，同学们有没有对钠元素产生兴趣呢？感兴趣的话，就让我们一起做个实验吧！

**实验准备：** 一小块金属钠、一个烧杯、一张 pH 试纸、一把小刀、一张滤纸、酚酞试液。

**实验目的：** 通过观察实验现象来了解钠元素的性质，并学习化学反应方程式。

**温馨提示：** 本实验需要用小刀，请小心。

**实验过程：**

1.先用滤纸将金属钠表面的煤油吸干净并观察其外表。

2.用小刀切下一块金属钠，观察切面颜色。将金属钠在空气中静置几分钟，再次观察切面颜色。

3.将切下来的金属钠用滤纸擦拭干净。

4.在烧杯中加入一定量的清水，并加入酚酞试液。

5.用镊子夹起小块的金属钠，并将它放入烧杯中，观察实验变化，用 pH 试纸测试酸碱度。

**实验原理：**

钠与水反应会生成氢氧化钠，呈强碱性。

方块爱生活

金属钠可用于制造抗爆剂也就是四乙基铅。

红桃讲故事

## 盐的故事

我国是盐的起源地，"盐"这个字很有意思，它的本意是指"在器皿中煮"。在黄帝与炎帝时期，人们便开始用海水煮盐了。根据在福建出土的煎盐器具推算，盐的出现至少已有五千年的历史。海水制盐的祖先叫夙沙氏，后人将他称作"盐宗"。河东的安邑县还有专门为"盐宗"修建的庙宇。

初期，制盐是一项非常耗费时间和燃料的工作，因此，盐的产量极少，价格非常昂贵。所以自从盐出现，王室就立了与盐有关的法规。周朝时期，掌管盐的人叫作"盐人"。这个

海盐

职位可是很重要的，他们负责处理各种盐的使用，比如，祭祀的时候要使用散盐、苦盐，招待客人的时候要使用形盐。如果"盐人"将盐用错，可是要吃苦头的。到汉武帝时期，设立了盐法，禁止私自生产盐以及售卖盐。《史记·平准书》一书中曾记载，如果有人私自制盐，就要把他的左脚趾割掉。

古时候制出的盐种类非常多，颜色上有白、桃花、紫、绛雪之分；从取水地的不同还可以分为井盐、海盐、碱盐、崖盐。

1. 钠与水反应时会释放大量的热。

2. 常温下，钠可以与氧气发生反应，钠的表面会包裹一层氧化钠。钠要保存在煤油中。

3. 钠在氧气中燃烧时会产生黄色火焰，产物为过氧化钠。

# "危险的硫"

硫属于化学元素，是非金属的一种，纯的硫也被称为硫黄。无论哪种生物都离不开硫元素，同时它也是组成氨基酸的重要元素之一。

　　方块家最近在装修，所以他暂时居住在歪博士家。今早，方块闲得无聊，便打开了电视机观看节目。画面最先显示的是救援场景，紧接着传出记者播报的声音："下面为您插播一则紧急新闻，今日凌晨 5 时 38 分，我市南城区发生了一起硫黄爆炸事故，现已造成 5 人死亡，28 人受伤。"

　　"天哪，硫黄的威力也太大了吧！"方块盯着电视屏幕感慨道。

　　随后，电视画面切换到了医院，受伤轻微的工人接受了采访："我和其他工友将硫黄从火车上卸下来，打开包装后将硫黄倒入料斗中，本来工作得好好的，突然间一声巨响，我整个人摔在地上，随后就听到工友的呼喊……"接着，记者对整件事进行了总结："据了解，此次事故发生的原因：一是因为天气异常干燥，空气中含有的水汽较少，硫黄粉尘容易发生爆炸；二是工人工作期间，风速偏低，空气流动性非常差，硫黄粉尘堆积，同样容易引发爆炸。"

　　歪博士听到新闻播报的声音，也来到客厅，与方块一起观看。

　　"博士，硫黄到底是什么东西啊？真是太可怕了。"方块说。

　　"硫其实是一种化学元素，它本身是没有颜色的。纯的硫是一块块的小晶体，外表是黄色的，它也被人称作硫黄。在自然界中，硫大多以硫酸盐、硫化物的形式出现，尤其在火山地带最常见。"歪博士解释说。

　　方块什么也没说，眼睛却直勾勾地盯着歪博士，这家伙的意思可以

# 单质硫

说是非常明显了——请歪博士继续讲解硫黄的性质。

　　歪博士心领神会，于是继续说："硫黄完全不溶于水，但易溶在二氧化碳、苯、四氯化碳中。"

　　"这么说来，硫黄着火时只能用二氧化碳灭火器来灭火对吗？"

　　"不完全正确。不止二氧化碳灭火器可以扑灭硫黄火，干粉、雾状水都可以。不过在灭火时，救援人员必须戴好防毒面具，并且站在上风向。哦，对了，利用雾状水灭火时，不能将水流直接喷射在燃烧物体上，否则会发生剧烈的沸溅或流淌火灾。"

　　听完歪博士的解释，方块大大的脑瓜里生出了小小的疑问："为什么扑灭硫黄火时要戴防毒面具呢？难道是因为硫有剧毒吗？"

　　歪博士解释道："硫黄是一种低毒危险的化学用品，一般来说，长期吸入硫黄的粉尘并无明显的毒性。"

 工业硫黄是一种极易燃烧的固体，当空气中堆积的硫黄粉尘达到一定浓度时，遇火会引发爆炸，并且，硫黄粉尘本身也容易携带静电，产生火花后同样会导致爆炸，进而引发火灾。

"这到底是为什么啊？博士快点告诉我吧！"方块有些着急，他想知道问题的答案。

"硫黄在燃烧时会产生二氧化硫，这个二氧化硫可是非常狡猾的，它不仅可以通过鼻腔进入人体内，还可以通过口腔或者皮肤进入人体。当二氧化硫进入大肠内，一部分会被氧化成硫酸盐或者硫代物，这些物质是无毒的，可以被肾脏、肠道排出体外。"

"所以不能被氧化的部分就是有毒物质，对吗？"方块抢着说。

"没错，这就是硫化氢，它对人体有着极大的危害。硫化氢会引起结膜炎或者皮肤湿疹，对胃肠黏膜和呼吸道也同样有刺激作用。硫化氢

的浓度越高，毒性也就越大。所以，救援人员一定要佩戴好防护装备才能保护自己。"

硫存在哪些爆炸的危险性？

在通常情况下，硫的燃烧非常缓慢，可当它接触氧化剂后，燃烧速度会迅速增加。硫与氧化剂混合会产生可以爆炸的混合物。当硫遇到高温或者明火时会引发火灾。在通常情况下，硫黄粉尘与易燃气体相比，更容易发生爆炸，但爆炸压力和燃烧速度都明显小于易燃气体。

方块再看向电视屏幕，这才发现了其中的细节，记者戴着防毒面具进行采访，并佩戴了防护手套，同时站在距离事故现场较远的地方。"所以当硫黄发生爆炸后，为了保护他人安全，会隔离事故区对吗？并且限制人员的出入？"方块问。

"没错。另外，作为应急处理人员应该尽量减少直接接触泄漏物。"歪博士补充说。

方块听后，认真地点了点头："今天学习了与硫有关的知识，真是受益匪浅啊！"

我爱做实验

## 美丽的蓝色火焰

学习了上面的知识，同学们有没有对硫元素产生兴趣呢？不如让我们一起动动手指，做个实验吧！

**实验准备：**一把药匙、装有硫黄粉的试剂瓶、燃烧匙、酒

精灯、一根木条。

**实验目的**：通过观察实验现象来了解硫元素的性质以及硫的氧化物的性质和特点。

**温馨提示**：本实验需要用到酒精灯加热，请小心。

**实验过程**：

1.先用药匙取出适量的硫粉并放入燃烧匙内。

2.点燃酒精灯，随后加热燃烧匙，直到硫黄粉燃烧，并观察实验现象。

3.再次用药匙取出适量的硫黄粉并放入燃烧匙中。

4.将木条点燃，随后用木条点燃燃烧匙，并以极快的速度将燃烧匙放入装有纯净氧气的集气瓶内，再次观察实验现象。

**实验原理**：

硫可以在空气中燃烧，并发出淡蓝色火焰；硫同样可以在纯氧中燃烧，并发出蓝紫色且异常明亮的火焰。

方块爱生活

硫可以用于制造杀虫剂、亚硫酸盐、塑料以及搪瓷。

# 历史潮流中的硫

　　远古时代，硫的"知名度"就已经非常高了。时间追溯至4000年前，那时埃及人用二氧化硫来漂白布，二氧化硫就是硫燃烧所形成的产物。一些古罗马人、古希腊人能轻松运用二氧化硫进行消毒、漂白。大约在公元前900年，一位著名的古罗马诗人荷马在他的书中记录了硫的消毒和漂白作用。

　　硫还可以入药。在我国古代，硫是一种极为重要的药材。《神农本草经》又被称作《本草经》，是我国古代第一部同时也是现存最早的药物学"神作"。《神农本草经》全书一共分为三卷，其中记载了365种药物，而硫就是其中的一种。本书中曾记录："石硫黄能化金银铜铁，奇物。"这说明人们已经可以利用硫与铁、铜等金属反应而生产硫化物。不仅如此，拥有悠久历史的炼丹名著——《周易参同契》中也记录了硫，该书指出硫和汞可以合成硫化汞。明朝末年，一位名叫宋应星的科

学家写出了《天工开物》这部著作，书中详细记载了利用黄铁矿石提取硫黄的方法。

1777年，法国著名化学家安托万－洛朗·拉瓦锡将硫确认为一种元素，硫便踏进了化学界的大门。从此以后，硫迅速跃居近代化学工业的一线，成为了与工业密不可分的重要元素！

1. 硫无论是在空气中还是在氧气中燃烧，都会释放热量。

2. 硫燃烧后会生成具有刺激性气味的气体。

3. 固态硫在受热时会转变为液态。

# 王者"丐"中"钙"

钙是金属元素的一种，常温下呈银白色、晶体状。

碳酸钙又被称为石灰石、大理石、石灰，它是一种无机化合物。

石灰石

大理石

石灰

在日常生活中，钙对人体有哪些作用？
缺钙会引起什么问题或疾病？　　>>>

方块最近经常念叨没意思，于是歪博士决定带红桃、方块和梅花去爬山。虽说又可以出去玩了，但是，方块并没有显得很开心，因为现在的天气实在太热了。在如此炎热的天气下去爬山，应该别有一番"滋味"吧。

经过两个小时的车程，歪博士一行人来到了山脚下。在烈日的伴随下，他们开始登山了，然而还没走几步，方块就开始发出哀号和抱怨。

"哎呀，这天也太热了吧！"

"这条路怎么这么难走啊！"

"热死了，今天的太阳好大啊！"

"累死我了！我走不动了。"

红桃听不过去了，回应道："我看你啊，就是缺乏锻炼，没走多远就开始抱怨。"

"是啊，是啊！看你这腿脚和行动能力，你是不是缺钙啊？"梅花也跟着附和。

"你俩合起伙来气我是吧？你们才缺钙呢！"方块撇撇嘴，做出了一个超级丑的表情。

这时，一直没说话的歪博士喘着粗气说："要说缺钙啊，我这个'老年人'才真的缺钙。"

梅花好奇地问道："这是为什么啊？"

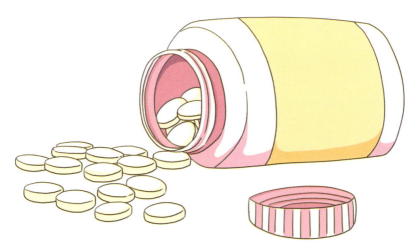

"哎，随着年龄的增长，我们人体内的钙会被大量消耗，老年人会丢失大约 30%~50% 的钙。人体的血液是需要钙的，可是当人体内没有充足的钙时，骨骼中的钙就会进入血液中。你们想想，钙可是人体骨骼发育最为重要的物质，骨骼一旦缺少了钙，骨密度就会下降，因此导致骨质疏松症的出现。"

"原来这就是骨质疏松的原因啊，"方块有些感慨，"我爷爷也骨质疏松。"

"看来钙对于人类身体有着非常重要的意义啊！"红桃说。

"歪博士，老年人的身体如果长期缺钙的话会有什么后果呢？"梅花问。

"大量的骨钙不断流入血液中，细胞、血管、组织中的钙随之增加，心肌、肾脏甚至血管壁中的钙堆积在一起，就会造成便秘、神经衰弱、嗜睡、动脉硬化、肿瘤、冠心病等疾病的发生。"歪博士说。

"冠心病、动脉硬化……这些病的名字好耳熟啊！"红桃喝了口水说。

"没错，这些都属于老年性疾病，非常容易在老年人身上发生。"

歪博士头上的汗水不断流下来，他找了一处阴凉的地方坐下，喝口水歇歇脚。

红桃、梅花和方块也跟着坐了下来。

知识拓展

正常人体中钙的含量能达到 1200~1400 克，而其中，骨骼和牙齿中的钙含量最多。此外，只有约 1%的钙离子存在于细胞外液、软组织和血液中，与骨骼中的钙保持相对平衡。人体中的钙除了组成牙齿、骨骼，还参与人体代谢。

"歪博士，我记得元素周期表中也有钙元素，这又是什么呢？"方块的脑袋里充满了疑惑和对钙这种元素的好奇。

"钙是一种金属元素，在常温下，它的外表是银白色的，呈晶体状。钙的化学性质是比较活泼的，它能与水或者酸发生反应，并产生氢气。当钙处于空气中时，它的表面会生成一种氮化物和氧化物的薄膜，这种薄膜可以保护钙不被腐蚀。"歪博士解释说。

"但是金属钙有什么用呢？"梅花接着提问。

"这个我好像知道！"红桃抢着说，"钙可以用作冶金的还原剂对吗，歪博士？"

歪博士点了点头："钙还可以用作脱水剂、脱氧剂以及脱碳剂。"

**智慧问答**

在日常生活中，钙补充过量会出现哪些问题？

钙是人体不可缺少的元素之一，日常补钙对人体也极为有益，但是如果钙摄入过多，便会对人体产生影响。钙过量会影响镁、锌、磷以及铁等元素的利用，还会引起肾结石、低血压、骨骼过早钙化或者奶碱综合征。很多人以为，通过大量补充食物可以补钙，这种想法是错误的，不恰当的饮食会导致钙大量丢失。

听完这些，方块更加疑惑了："博士，您在说什么啊？什么脱水剂、脱氧剂的，我怎么一点儿也听不懂啊？"

歪博士笑了笑："这些说起来就比较复杂了，有时间我再慢慢讲给你们听。"歪博士看了看表，时间也不早了，于是一行人继续向山顶出发。

**我爱做实验**

### 钙与碳酸钙

石灰石（碳酸钙）与盐酸反应后可以得到氯化钙，再电解氯化钙就可以得到金属钙。接下来，就让我们一起做两个小实验，来了解一下碳酸钙和钙吧！

**实验准备：**一块鸡蛋壳、一块烧水壶里的水垢、两支试管、盐酸、一块金属钙、一把小刀。

**实验目的：**通过观察实验现象来了解碳酸钙以及金属钙的性质和特点。

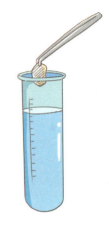

**温馨提示：**本实验需要用到小刀，请小心。

**实验过程：**

1.先观察金属钙的外形、颜色等特征。

2.用小刀切下一块钙，过几分钟后，观察断面的变化。

3.将鸡蛋壳放入装有适量盐酸的试管中，并观察现象。

4.将水垢放入装有适量盐酸的另一支试管中，观察现象。

**实验原理：**

1.金属钙质地较软，在空气中，其表面会形成氧化物和氮化物薄膜。

2.碳酸钙可以与盐酸发生反应。

**方块爱生活**

钙与水反应可以制取氢氧化钙，也就是熟石灰或消石灰。

## 发现钙

钙广泛存在于地表中，对人体也具有极为重要的作用和影响。说起钙，可以说是令化学家们头疼的元素之一，因为它的性质与钠、钾相似，具有非常活泼的化学性质，所以将钙从化合物中分离出来是一件非常具有挑战性的事情。

石灰也就是氧化钙，是一种常用的实验材料，化学家们通过加热石灰石来制取石灰。但是很长一段时间，化学家们都无法从石灰中制取钙，更无法确认钙元素的存在。电池出现后，化学家们将电池作为分解化合物的有力武器，通过电解的方法分离出单质，并确定为元素。

1808年，一位名叫戴维的英国化学家做了大量实验，此前他曾通过电解实验制取了钾、钠，所以同样想通过电解潮湿的石灰石来制取钙，结果却失败了。戴维不断尝试新的组合方式，不断进行实验，最终通过电解石灰以及氧化汞的混合物而

这就是
科学

得到了汞和钙的合金，但是，这个实验结果无法证明他取得了成功。后来，戴维调整了石灰和氧化汞混合物的比例，增加了石灰的含量，将产生的汞合金蒸馏掉以后便获得了金属钙，钙元素也应运而生。

1. 鸡蛋壳和水垢的主要成分都是碳酸钙。

2. 碳酸钙与盐酸反应会生成二氧化碳。

3. 牙齿的主要成分也是碳酸钙。

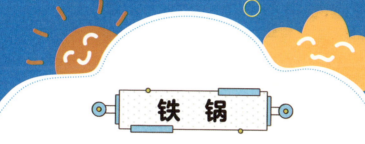

# 铁 锅

　　铁元素被称为"黑色金属"，是因为铁表面常常覆盖着一层主要成分为四氧化三铁的黑色保护膜。

　　人体中也含有铁元素，血红蛋白的组成离不开铁元素，血红蛋白主要用于氧气的运输。

黑色金属

周六下午，方块的肚子饿得咕咕叫。他来到厨房，却找不到煮面的锅。

"方块，锅具都在柜子里，昨天晚上大扫除时博士都收起来了。"梅花提醒道。

在厨房的柜子里，方块不仅发现了煮挂面的小锅，还发现一口用旧的铁锅。这口铁锅长年被铲刀摩擦，锅底已经变得有些薄了。

"博士，这口锅看起来很旧的样子，您怎么还留着呢？"方块问。

红桃跑过来看了看说："这可是老古董了，是博士以前从旧实验室搬过来的。"

这时，歪博士慢慢地走过来，放下手中的实验护目镜，说："你说的是它呀。它虽然没法儿和那些鲜艳明亮的珐琅铸铁锅具相比，但是对我来说很有纪念意义。这是以前我的一位学生家老人亲自制作送给我的，是一份很珍贵的礼物。"

歪博士喝了一口水，坐在餐桌旁，一边招呼他们几个吃水果，一边说："其实铁锅之所以这么受人喜欢，不光是因为铁锅传热好、蓄热好，而且基本不粘锅。而铝锅虽然轻便、导热性好，但是当做饭的时候，铝锅与金属铲碰撞可能造成铝成分释放。这种成分摄入太多对人体可是有害的。"

"啊！那我平时喝的饮料……"方块说。

歪博士笑着说："所以让你少喝饮料，多吃水果啊！像我们常见的

苹果、樱桃等，都富含铁等微量元素。"

"您说微量元素是在我们人体含量很少的元素吧？"方块问。

梅花从冰箱里拿出一罐营养钙奶粉，指着上面的说明文字说："微量元素我知道，这通常是指生物体中含量不足万分之一的化学元素。比如，咱们的人体中目前已经发现的五十多种微量元素，它们的总重量还不到人体重量的千分之二。现在被普遍认为是生物体所必需的微量元素只不过十三四种，比如铁、铜、锌、钴、锰等。"

 **知识拓展**　铁是人体内必需的微量元素，有重要的生理功能。蛋黄、猪肝、海带等食物都含铁丰富。

"那这些微量元素一定对咱们人类的传承特别重要吧。"方块特别关心这个问题，对于这个小吃货来说，所有有关饮食的话题，他都特别关注。

歪博士在餐桌上铺开一张人体结构图，说："微量元素在生物体中成为某些酶、激素和维生素等的活性中心，对机体的正常代谢和生存

发挥着重要的作用。部分微量元素还和癌症、心血管病、瘫痪、生育问题和衰老等一系列重大疾病以及人体健康密切相关。甚至针对于微量元素的研究，还诞生了一个多学科相互渗透的新领域，叫作微量元素与健康学。"

方块仔细端详着这幅人体结构图，想到自己的身体内这么多血管都需要充足的营养，更觉得饮食是一件特别重要的事儿了："博士，那咱们以后就用铁锅做饭吧。铁元素吃进肚子里，是不是会让我们变得更加强壮？"

---

**智慧问答**

我们为了身体健康，可以大量摄入微量元素吗？

每一种微量元素都是有利有弊的。现在认为是有害的元素，将来可能证明是生命所必需的。对于必需的微量元素，也有一个最佳摄取范围。机体中的含量低于这个范围时，可产生缺乏症状；高于这个范围时，又可能出现中毒反应。例如硒元素，有人认为每人每天摄入百分之七到百分之十四毫克为最佳范围。若长期低于百分之五毫克，就可能引起贫血、心肌损害和癌症等疾病。如果过分摄入，可能造成腹泻和神经官能症等中毒反应。

---

"铁元素是人体必不可少的微量元素中含量最多的一种，一般在血液红细胞的血红蛋白和肌肉的肌红蛋白里面都能发现它的身影。如果体内缺铁，可能会引起贫血，人们还会觉得疲乏、衰弱，工作和学习能力降低。缺铁会导致人体对维生素吸收困难，还会影响人体内的蛋白合成效率。"博士说。

"那前一段时间上体育课，我一跑步就头晕会不会是缺铁？"方块

自认为找到了头晕的原因。

梅花笑了起来："你呀，才不是缺铁，你明明是因为那天起晚了没吃早饭。"

方块不好意思地挠挠头，也笑了起来。

"方块，其实进入人体内的食物铁主要通过十二指肠来吸收，经过一系列的消化过程最终变化成为人体内的营养元素。平时我们有很多种方式补充体内的铁元素，比如吃一些动物肝脏和动物血等。"

歪博士话还没说完，就被方块紧紧地拉住了胳膊："您说了这么多，我更饿了。我们今天就吃一顿补铁大餐吧。"

"行，那我们现在就去菜市场采购，来一顿营养铁元素大餐。"博士看着这个小吃货饿坏了肚子，决定趁今天给他们几个好好补补。

一行人朝着门口的菜市场"进军"啦……

我爱做实验

# 火"花"

有人认为金属不能燃烧，其实这种认识是错误的。比如镁这种金属，就可以用来做闪光灯，燃烧时能发出强烈的光。不仅如此，钢铁也会燃烧。只需要用一点钢丝绒，我们也能变出耀眼的"花"。下面，让我们在实验中欣赏吧！

**安全提示：**本实验要用到打火机，要在家长的陪同下做，避免引起火灾。

**实验目的：**证实铁是可以燃烧的。

**实验准备：**钢丝球一小团，打火机一个。

**实验过程：**

1. 拿出钢丝球放在盘子上（请戴上护目镜，防止火花进溅到脸部）。

2. 用打火机点燃钢丝球。

3. 观察燃烧后的黑色产物，这就是四氧化三铁。

**实验原理：**清洁钢丝球的成分是高锌丝或低锌丝，具有可燃性。

方块爱生活

普通铁锅容易生锈，人体吸收过多的氧化铁会对肝脏产生负担和危害。

# 铁的发展史

古代人得到的第一块铁可能来自于宇宙空间，而不是来自于地球。之所以这样说，是因为在古语中有"天降之火"这一说法。铁在埃及人眼里有"天石"之称。从这里可以看出，陨石是人们对铁最初的认知。1891年，在美国亚利桑纳州的沙漠中，人们发现了一个超大的陨石坑，直径达1200米，深度达175米。据估计，这块亚利桑纳州陨石有几万吨重。

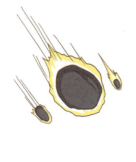

1896年，美国探险家在丹麦格陵兰的冰层中找到一块重达33吨的铁陨石。几经辗转，这块陨石终于被运到了纽约，至今都保存在那里。

无论如何，"天外来客"毕竟是少数，因此在冶金业发展以前，用陨铁制作成的器具的价值非常高。因此，铁一开始在地球上使用时都彰显着神奇和高贵。这种耐磨的铁制装饰品只会在最富有的贵族家出现。在约根泰佩（公元前1600—公元

前 1200 年）就发现了一件用来和青铜剑身相配的铁剑柄，很显然，这是一种非常珍贵的装饰金属物。甚至古罗马时期的结婚戒指的制作材料都是铁，而不是用我们熟悉的金子。这样的经历也曾经出现在 18 世纪探险家航行中，他们用一块上锈的铁，甚至可以和对方交换一头猪，用几把破刀，甚至可以把所有船员几天吃的鱼交换过来。因为他们所遇到的波利尼亚西土著人对铁的渴望远超过其他东西。一直以来，锻造业也被视为最体面的行业之一。

1. 每次用铁锅做完菜后，必须洗净锅内壁并将锅擦干，以免锅生锈。

2. 不要用铁锅盛菜过夜，防止铁锅在酸性条件下溶出铁，破坏菜中的维生素 C。

3. 铁锅不适合用来熬药，也不适合煮绿豆。

# 秦始皇陵地宫的水银世界

汞是化学元素，俗称水银。

汞为银白色，室温下为液态。

水银

这就是科学

为什么秦始皇陵地宫非常危险？ >>>
在生活中，我们可以用汞来做什么？

今天阳光明媚，方块起床后尝到了红桃为大家准备的全麦三明治，心情大好。梅花却盯着报纸认真阅读，美食都吸引不了她。

"梅花，什么消息让你看得这么入神？"方块递过来一块三明治，伸出头看向她手中的报纸，只见《广城日报》首页赫然写着头版消息："中国政府为了研究秦始皇陵，组织了大规模的调查团，采用了最尖端的装备，并利用遥感及地球物理探测技术，对秦始皇陵展开了地下考古工作。"

"秦始皇陵？这可是大新闻！歪博士，您快来看看。"方块把报纸拿给了歪博士。

"博士，昨天电视上也说，这次考古工作启动后，专家报告了很多让人惊喜的消息。比如，以前人们大多认为地下宫殿在骊山下面，结果

显示，秦始皇地下宫殿就位于封土下面。"梅花又打开了电脑，搜索着秦始皇陵考古的新闻报道。

"博士博士，那我们也去看看吧！"方块兴奋地拽着博士的衣角，提议他们也出去探险。不过博士却劝他："这次皇陵探险估计不行，因为那里情况比较复杂，缺少专业的防护，我们冒然前往，身体会吃不消的。"

方块好奇地问："秦始皇是秦朝的第一位皇帝吗？"

"是的。秦始皇自幼就怀抱政治理想，后来当上皇帝，制定了严格的法律，逐步把一个贫穷的国家变成了富强的国家。"梅花耐心地解释。

> 秦始皇管理军队特别有方法。不管士兵的出身如何，只要战士立功，就能得到赏赐。靠这样的管理思想，他逐渐建立了国家强有力的军队。公元221年，秦始皇建立了中国历史上第一个统一的帝国。

听了这些，方块更想去皇陵地下宫殿一探究竟了，不过博士说没有防护不能去，想必这中间还有什么问题："博士，这座皇陵地下宫殿是不是有什么危险？"

歪博士让他看《史记》图册中的一句话："以水银为百川、江河大海，机相灌输，上具天文，下具地理。"

看着方块还是一脸不解的表情，博士让他们几个来到智慧1号面前。智慧1号打开了地宫内的动态图。原来，秦始皇陵是以当时秦帝国的版图为原型，打造出了这个微缩版的天下。当时皇陵宫内用来充当江河、湖泊、大海介质的，是古代价值不菲的水银。据说秦始皇的棺椁，就放

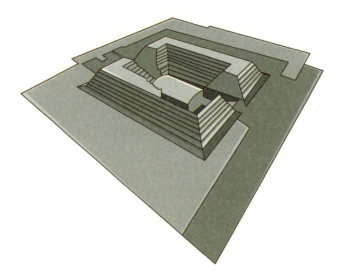

在具有很大浮力的水银上面。这样一来，他就能在死后也像生前一样，随处漂流周游自己的领地。"

"怪不得您说皇陵地宫危险，原来以前那里有大量的水银。过了这么多年，水银竟然还能保存到现在。"方块连连感叹。

这时候智慧1号在电子显示屏上出示了一堆现代探测设备："你们看，这些数据都说明，秦始皇陵地表的封土堆里，汞含量大量超标。"

方块不明白，古代的技术怎么可以达到这样高超，竟然可以提炼出这么多的水银。

正巧梅花替他问出了心中的疑惑："可是古代从哪儿弄到这么多水银呢？"

"这你们就有所不知了，据说秦朝时期，居住在四川盆地巴郡一带的寡妇清家族，连着好几代经营当地的丹砂矿生意。这种丹砂矿，其实就是汞的硫化物，从中可以提炼很纯正的水银。所以秦始皇完全可以从她那里得到修建地宫所需要的巨量水银。"博士说。

在生活中，我们可以用汞来做什么？

**智慧问答**

汞可用于制作温度计、气压计、血压计、水银开关和其他装置。不过汞具有毒性，后来人们逐渐在这些仪器中尝试用酒精填充，或者用镓、铟、锡的合金填充。在科学研究和补牙的医疗实践中，汞仍旧被大量运用。一些荧光灯中也会使用一定量的汞。荧光灯中的电流通过汞蒸气可以产生波长很短的紫外线，紫外线使荧光体发出荧光，从而产生可见光。

"喂，您好宋教授。"博士的电话突然响了。

挂了电话，歪博士告诉大家一个好消息，他的好朋友宋教授这次正好担任考古队的领队，邀请歪博士前去帮助分析数据。这下，歪博士就有机会近距离地接触秦始皇陵地宫了。

方块羡慕地说："歪博士，我也想进地宫……"

歪博士笑着说："那就要好好学习啦！"

**我爱做实验**

## 水银色的鸡蛋

有时候我们的眼睛所看到的，并不是真实的。这种有趣的现象，让我们的生活也增添了一些小乐趣。现在就让我们借助一个小实验，用眼睛来见证光的奇妙吧！

**安全提示**：本实验要用到火，要在爸爸妈妈的陪同下做，避免引起火灾。

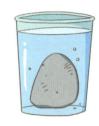

**实验目的：** 观察光在水中的反射。

**实验准备：** 一个鸡蛋、一根蜡烛、一个玻璃杯以及清水。

**实验过程：**

1. 将蜡烛点燃后，用蜡烛产生的黑烟均匀地熏烤整个鸡蛋表面，使鸡蛋表面被黑烟完全覆盖。

2. 将鸡蛋轻轻地放入装有清水的玻璃杯中。不一会儿，我们会看到黑黑的鸡蛋被一层水银色的膜包住了，十分好看。

**实验原理：**

这个小实验和光在水中的反射有关。光的反射、折射能产生许多奇妙的效果，比如我们在水中可以看到被"折断"的筷子等。在这个实验中，我们让鸡蛋壳沾满了蜡烛在燃烧过程中产生的黑色物质，这种物质是不溶于水的。当它均匀地覆盖在鸡蛋壳表面以后，与水之间产生了相对隔离的效果，我们所看到的水银色的膜就是光线在水里所呈现的反射效果。

**方块爱生活**

如果汞洒出来一些（例如一些温度计或者荧光灯里的汞），就需要洒一些硫黄粉来吸收洒出的汞。

# 华伦海特与水银温度计

华伦海特是波兰物理学家。很小的时候，华伦海特就遭遇了父母意外身亡的悲惨事故。这迫使华伦海特不得不开始学习经商。在阿姆斯特丹，他学习了很多年的商业经营之道，在这段时间他也了解到了许多科学仪器的制作，对物理学产生了浓厚的兴趣。

自 1709 年开始，华伦海特就制造了读数相同的酒精温度计。

通过研究阿蒙顿的水银热膨胀的知识，华伦海特逐渐发现水银突出的好处。例如，酒精的沸点太低了，低到都测不出水的沸点，而水银就可以解决这个问题。之后他还发明了能够净化水银的方法，于是就开始广泛倡导大家使用水银温度计。

1724 年，他在研究领域又取得了突破性的进展。他在这年发明了华氏温标。他将水的沸点定为 212 度，把冰点

记为 32 度，并规定在数值后面要加上℉，这个符号读作"华氏度"。

1. 在自然界中，汞多以化合物的性质存在。

2. 在 2002 年，挪威的一些湖泊被发现受到汞污染。

3. 日常泄漏的汞可以用家庭中常用的透明胶带粘起并收集，效果比用纸片收集好得多。

# 不能随便用的铝锅

　　铝是一种银白色轻金属，有一定的延展性，我们常见的铝制品主要是棒状、粉状、带状等。

　　受热之后，铝粉可以在空气中发生猛烈的燃烧，并发出令人炫目的白色火焰。

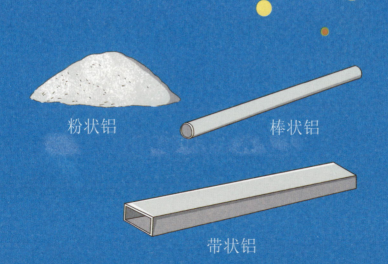

粉状铝　　　　　　棒状铝

带状铝

铝锅可以用来炒菜吗？ >>>

长时间以后，铝锅变黑怎么办？

上周末，方块跟家人一起回了趟乡下看望亲戚。回来之后，方块从老家带回来一袋面粉。

"方块，来，我帮你。"红桃看见方块"哼哧哼哧"地扛着面粉进了屋，身上沾着不少面粉，赶紧迎上去帮忙。

"这可是我们老家那个有山有水的地方，种的小麦成的面粉。这可够我们吃好几顿大餐了。"方块擦了一把头上的汗，喘着气说道。

歪博士从实验室里出来，看到这一大袋子面粉，说："谢谢你方块，给我们带来这么多，今晚要不就做你们爱吃的手擀面吧！"

"博士万岁！我早就嘴馋了，我这就去准备东西。"一听说要做好吃的手擀面，方块顿时不累了，拉着红桃就把面粉抬了进去。

按照老规矩，只要歪博士出场做美食，方块他们就负责准备食材。

他们小心翼翼地将面粉袋子打开，红桃在后面抬着袋子，方块在前面扶着慢慢倒出面粉。

"哎呦，糟糕！"只见一堆面粉从袋子里"喷涌"而出。

歪博士闻声快步走进厨房："你们倒得太多了，这一盆子，我们顶多今晚用三分之一。"

这可怎么办？面粉如果不好好保存是会受潮的。

"博士，那我们把面粉倒回面粉袋子吧。"方块指着地上瘪了的袋子说。

红桃环顾厨房的四周，说："倒回去不行吧，有的地方沾上水了。方

块，我们把柜子里的那口铝锅拿出来。"

方块这才想起来，上周他们去超市时，发现一口外壁刻着山水画的铝锅搞特价，他们买回家后，还从来没有用过。

"我们把用不完的面粉存放在铝锅里吧。"红桃边说边撸起袖子准备拿出来铝锅。

"怎么偏偏要放在铝锅里呢？是不是随便哪个容器都可以，我记得柜子里还有更大的塑料桶。"方块踮起脚尖朝上层柜子里张望。

"红桃，面粉可不能存放在铝锅里哦。"歪博士制止道。

红桃有点不明白，这口铝锅大小合适，颜色也好看，怎么不能用来存放面粉呢？

歪博士打开手机，搜索铝锅存放面粉的图片，指着说："你们看，有些家庭喜欢将面粉存放在铝锅里保管，认为这样存放安全又省事。但是存放不了多长时间，人们就会发现铝锅的表面产生了一些白色斑点，严重的还会产生穿孔。"

"难道是铝和面粉会发生化学反应？"方块问。

歪博士说："主要是面粉中含有比较多的淀粉，这种碳水化合物在吸

收水之后会产生有机酸，对铝制品有较强的腐蚀作用，会将其表面保护膜——氧化铝破坏掉，继而锈蚀。所以，面粉千万不能放在铝制品内，最好放在玻璃器皿、陶制品、搪瓷器皿中保存。"

听了歪博士的话，他们决定还是用塑料盒子来储存没有用完的面粉。

方块觉得这口铝锅这么好看，总放着有些浪费，于是说："这小铝锅这么好看，我们也不能浪费掉。要不等一会儿炒菜的时候，用这口锅吧。"

歪博士又否定了这个建议："铝是一种典型的两性元素，遇到酸或者碱都会发生反应，生成相应的铝盐或者铝酸盐。可溶性铝化物，比如醋酸铝、氯化铝等都有毒。另外，如果将酸性饮料在铝器内加热或者储存，铝锅炒菜时加醋都能释放更多的铝离子，会造成食品污染，长期食用对身体可没有好处哦。"

"那您说，这口小铝锅能用来做什么呢？"方块觉得这口铝锅还不如家用的小铁锅。

红桃把锅端起来上下打量："我觉得最安全的做法就是在隔水蒸食品时用吧。"

这时候歪博士又要考考他们："这铝锅用的时间久了锅底就会变黑，

这时候怎么办？"

"能不能用柠檬之类的？"红桃曾经用柠檬汁加白醋清洗过不锈钢锅底，这个方法不知道能不能通用。

**智慧问答**

如果铝锅盖上在做饭时不小心有了油污该怎么办？

铝锅盖上有了油污，可以在锅盖上加一些米汤，锅下慢慢地加热。锅盖受热后，锅盖上的米汤就会变成一张薄薄的皮翘起来，这时候将这层薄皮揭下来，锅盖上的油污也就随之干净了。

歪博士带他们来到厨房的洗手池边，说："其实可以用洗衣粉加谷壳混合，加少许水抓匀，然后进行擦拭，最后用水清洗就可以了。"

方块这会儿饿得听见"谷壳"两个字都眼冒星星了，忍不住说："博士，这铝锅我们一定小心使用。嘿嘿，您看，手擀面什么时候开始

做……"

歪博士系上围裙，手一挥："好啦，那我们现在正式开工，下次我们再用铝锅做个甜品吧。"

厨房里很快便热闹起来，这口铝锅也将会在以后生活中发挥它的作用呢！

## 铝锅可以煎药吗？

在日常生活中，我们能用铝锅煮饭，可是中医专家却告诉我们不能用铝锅煎中药。这是为什么呢？

**安全提示**：本实验要用到火柴，要在家人的陪同下做，避免引起火灾。

**实验目的**：观察铝和酸碱的反应。

**实验准备**：两块口香糖、醋、一个玻璃杯、一条毛巾。

**实验过程**：

1. 收集两张口香糖包装上的铝箔。

2. 在玻璃杯中倒入小半杯醋，把其中的一片铝箔浸泡在醋中。

3. 三天后将浸润在醋中的铝箔取出，用抹布擦干。与没有浸在醋中的另一片铝箔比较

一下，我们会发现，浸在醋中的铝箔颜色变暗了。

**实验原理：**

醋是一种带酸性的液体，而铝既怕酸也怕碱。在一定条件下，它会跟酸性、碱性物质发生化学反应，生成新的物质。

将铝锅放在热水中，用家禽的羽毛擦洗就可以使之光亮如新。

## 拿破仑用铝碗

法国皇帝拿破仑是一个很爱自我夸耀的人。他经常在宫殿里大摆宴席，宴请王公贵族。奇怪的是，几乎每次宴会，他都让客人们用银质餐具，自己却对铝制的碗情有独钟。

为什么贵为法国皇帝，不用漂亮的银质碗用餐，偏要用色泽暗淡的铝碗呢？

原来，在大约200年前的拿破仑时代，人们就已经可以熟练冶炼和使用金银了，宫廷中的餐具几乎都是银器。那时候的技术还不太发达，炼铝十分困难。所以，铝在当时是非常稀罕的东西。在当时的社会生活中，这种铝制碗不要说平民百姓用不起，就连大臣贵族也用不上。只有在皇宫里，才有少量铝制品。

拿破仑让客人们用银质餐具，自己用铝碗，就是为了显示自己至高无上的地位。

1. 铝存在于各种岩石或矿石里，如云母、铝土矿等，存在形式是化合物。

2. 铝是一种比较活泼的金属，在干燥空气中，铝的表面可以立即形成致密的氧化膜。

3. 铝及铝合金在人们的日常生活中扮演着重要的角色，它们是生活中用途十分广泛的、最经济适用的材料之一，很多家庭装修时定制窗户边框会用到铝合金。